C000124862

PRÉCIS

DE

L'HISTOIRE GÉNÉRALE

DE L'AGRICULTURE.

Imprimerie de Mad. HUZARD (née VALLAT LA CHAPELLE),
rue de l'Eperon, n. 7.

Jon! 2143.

PRÉCIS

DE

L'HISTOIRE GÉNÉRALE

DE L'AGRICULTURE,

PAR

M. DE MARIVAULT,

CHEVALIER DE LA LÉGION D'HONNEUR, MEMBRE DU CONSEIL
D'ADMINISTRATION DE LA SOCIÉTÉ D'ENCOURAGEMENT
POUR L'INDUSTRIE NATIONALE, ETC., ETC.

PARIS,

CHEZ
Madame HUZARD, rue de l'Éperon, n. 7 ;
MATHIAS, Augustin, quai Malaquais, n. 15 ;
les principaux Libraires de Paris et des départements.

1837.

RECTIFICATIONS.

—

Pages 58, ligne 9. *Linius* STOLO, lisez *Licinius*.

104, ligne 3. Mais ces vases *sont formés*, lisez sont *probablement* formés.

109, 2ᵉ alinéa de la note. Les Gaulois avaient *aussi*, supprimez *aussi*.

113, ligne 13. De toute chance ou redevance *publics*, lisez *au trésor public*.

122, 4ᵉ ligne de la contre-note. A six années près *en plus*, supprimez *en plus*.

126, avant-dernière ligne de la contre-note. *Un champ de blé de mars que je cultivais déjà*, lisez *un champ emblavé avec l'espèce de froment de mars que*, etc.

160, ligne 10. *Les* reçurent, lisez *le* reçurent.

247. Chronologie (année 1304). *Premier emploi de la Boussole, par Flavio*, lisez premier emploi de la Boussole, *en Europe*, par Flavio. (Un écrit curieux, dont la traduction est due à M. Amédée Jaubert, prouve que les Arabes avaient fait, dès le siècle précédent, usage de la Boussole.)

308, ligne 5. Des *ouvriers* vagabonds, lisez des *moines* vagabonds.

Ce précis de l'histoire de l'Agriculture, rédigé depuis plus de six ans, et fruit des heures dérobées à la direction de mes travaux agricoles, devait servir d'introduction à un traité de la grande culture des terres dont j'avais rassemblé les matériaux, mais dont j'ai cessé de m'occuper, depuis qu'un irréparable malheur m'a condamné à fuir l'espèce d'Oasis créée par mes soins, où j'avais fait pendant vingt ans, avec bonheur, mon plus habituel séjour, et où je restais seul !

Je me proposais, alors, de joindre au tableau historique de la culture moderne des dissertations auxquelles l'expérience que j'avais acquise pouvait donner de l'intérêt et mériter de la confiance. Ayant dû renoncer à ce plan qui m'eût engagé dans un travail maintenant au dessus de mes forces, peut-être essaierai-je de donner suite au résumé que je livre au jugement du public éclairé (s'il reçoit de lui un accueil favorable), lorsque j'aurai conduit à terme les considérations sur les *Intérêts matériels de la France* dont la première partie vient d'être publiée.

Ce qui concerne l'Agriculture tiendra encore une grande place dans ce nouvel écrit, qui aura, pour *appendix*, les documents généraux de statistique les plus authentiques et les plus complets qu'il ait été, jusqu'ici, possible de rassembler sur chacun de nos départements.

Condillac fait remonter l'origine de l'histoire moderne à l'époque de la chute de l'Empire d'Occident, et son opinion se justifie par l'importance des événements politiques qui bouleversèrent, alors, l'Europe et l'Asie. Mais, religieusement parlant, l'histoire de l'antiquité finit, et celle du moyen-âge commence, à la naissance du fondateur de la religion chrétienne.

C'était aussi une époque bien mémorable que la coïncidence presque exacte entre la chute de la république romaine et l'établissement d'un nouveau culte. Je l'ai choisie pour exorde de mon second discours. Il embrasse, avec la durée des Empires d'Orient et d'Occident, les temps déplorables de la Féodalité, des Croisades et de la Chevalerie.

Des notes courtes sont jointes au texte que j'ai revu, récemment, avec le plus grand soin. Celles, plus nombreuses, qui ont quelque étendue, font suite à chacune des époques qu'elles concernent. Je me flatte qu'elles ne paraîtront ni superflues, ni sans intérêt.

Paris, décembre 1836.

Marivault.

PRÉCIS

DE

L'HISTOIRE DE L'AGRICULTURE.

—

Ire ÉPOQUE, TEMPS ANCIENS.

—

L'origine de l'Agriculture se perd dans
la nuit des temps. On ne peut former que
des conjectures sur les premiers procédés
mis en usage pour multiplier et renouveler les productions naturelles : leur culture
n'a dû faire des progrès un peu sensibles,
et se perfectionner, qu'à l'époque où des

peuplades, accrues depuis l'épouvantable
catastrophe qui a changé la face de la terre,
abandonnèrent la vie nomade et commencèrent à bâtir des villes.

Les plus anciens faits dont le souvenir,
transmis d'abord verbalement, d'âge en
âge, a été recueilli postérieurement par les
poëtes et par les historiens, autorisent à
croire que les premières traces de civilisation et d'industrie agricole se sont mon-
trées dans les plaines de la haute Asie,
peu éloignées des sources de l'Indus et du
Gange. Nulle région ne présentait, en
effet, aux faibles débris de la race primitive
des hommes, un refuge plus assuré et plus
naturel que les hautes montagnes cultivables, voisines de ces plaines (*). C'est, sans

(*) Plus on se rapproche de l'équateur, plus la
hauteur de la limite inférieure des neiges perpé-
tuelles, et, par conséquent, celle des terrains suscep-
tibles de culture, sont grandes. Ainsi, de nos jours,
à 0 de latitude, ou sous l'équateur, la limite infé-

doute, à la prévoyance de ces premiers habitants de la terre, sortant du sein des flots, que l'on doit la conservation des diverses espèces de blé dont quelques unes ont été

rieure existe à 4,800 mètres, 10 mètres de moins que la hauteur du mont Blanc. A 20 degrés de latitude elle est de 4,600 mètres, tandis qu'à 45 degrés, elle descend à 2,550 mètres, et à 65 degrés, à 1,500 mètres.

Les sources du Gange et de l'Indus, sont placées, dans le petit Tibet, entre le 30e et le 35e degré de latitude. Le mont Ararath, où, selon des croyances religieuses, s'arrêta l'arche, est situé vers le 40e degré. Les sommités de cette montagne très escarpée sont couvertes de neige. Tournefort, qui a essayé de la parcourir comme botaniste, en fait une triste description.

Dans l'Amérique méridionale, il existe des villages, et même des villes, situés à plus de 4,300 mètres au dessus du niveau de la mer. L'hospice du grand Saint-Bernard, qui est, vraisemblablement, l'habitation la plus élevée en Europe, n'est qu'à la hauteur de 2,491 mètres; 214 seulement au dessus de l'élévation de la capitale du Mexique, et 417 au dessous de Quito, au Pérou.

trouvées, récemment, à l'état sauvage (l'Épeautre et l'Orge), par les voyageurs Olivier et Michaux, dans des parties de la Perse éloignées des habitations et du passage ordinaire des hommes.

Ceux qui avaient échappé au désastre général auront confié les premières semences, préservées par eux, au sol sur lequel l'eau, en se retirant, avait laissé un dépôt limoneux.—Après avoir obtenu, presque sans travail, des récoltes abondantes, ils se seront, à mesure que leur multiplication accroissait leurs besoins, répandus dans les diverses régions de l'Asie qui présentaient les mêmes apparences de fertilité. C'est ainsi que l'Inde, la Chine, la Babylonie, ainsi que l'Éthiopie et l'Égypte, placées au point de jonction de l'Afrique avec l'Asie, se sont graduellement couvertes d'une population industrieuse, ayant puisé ses croyances religieuses et sa constitution politique aux mêmes sources. Ces contrées ont fourni, ensuite, la population des colonies qui se sont successivement étendues

sur la totalité de l'hémisphère occidental et
qui, peut-être, ont pénétré, par des voies
qui nous sont encore inconnues, jusqu'aux
régions américaines; si, toutefois, les hautes montagnes qu'elles renferment n'avaient
pas également servi d'asile aux peuplades
antédiluviennes dispersées, déjà, sur ce
vaste continent (*).

(*) Les pics les plus élevés de l'Himalaya (Tibet) ont 7,821,-7,088 et 6,959 mètres au dessus du
niveau de la mer.

Cette élévation diffère peu de celle des plus hautes montagnes de l'Amérique, qui ont été calculées
être de 7,696,-7,315 et 6,530 mètres. Les plateaux
supérieurs des deux pays ont donc pu servir également de refuge aux hommes, à l'époque du déluge universel.

Quelques traditions de cette catastrophe s'étaient
conservées au Brésil, dans des chansons. Les
peuples de cette contrée croyaient qu'un étranger
fort puissant, et qui haïssait extrèmement leurs
ancètres, les fit tous périr par une violente inondation, excepté deux, dont ils se prétendaient les
descendants. (Noël, *Dictionnaire de la Fable.*)

Il y a, d'ailleurs, lieu de supposer que les transmigrations se sont opérées avec lenteur. En admettant, ainsi qu'on y est autorisé, soit par les observations faites à la surface du globe, soit par celles qui résultent de la nature et du nombre des couches de son écorce, que le déluge universel ait précédé de 30 à 35 siècles l'ère chrétienne, près du tiers de cet intervalle a dû être employé pour arriver jusqu'à l'Égypte; car on ne peut, guère, faire remonter à plus de deux mille ans, avant la naissance de Jésus-Christ, l'organisation régulière des plus anciens peuples connus, et l'application raisonnée des usages qui s'étaient introduits depuis le déluge. L'histoire même des Chinois se rattache, à peine, aux temps appelés héroïques, et il est vraisemblable qu'avant d'être parvenus à acquérir les connaissances nécessaires pour calculer des éclipses et écrire leurs annales, il s'était écoulé presque autant de siècles que depuis l'époque à laquelle on peut commencer à ac-

corder quelque confiance à leurs historiens (1).

En nous reportant aux temps reculés où
toutes les nations de l'antiquité ont puisé
les principes de leurs opinions religieuses
et où leurs chefs les ont accommodées et
fait servir à leurs intérêts, nous trouvons,
en premier lieu, Noé cultivant, selon la
Genèse, le Blé et la Vigne au sortir de l'arche; ses enfants poussant devant eux leurs
troupeaux, se nourrissant de leur lait,
et s'arrêtant dans les lieux naturellement
fertiles, comme le pratiquent encore les
Arabes du désert.

Plus tard, *Fohi* et *Chin-Noung*, en
Chine, apprirent à tirer le pain du Froment et une boisson fermentée du Riz.
Dans cet empire où la civilisation, après
avoir devancé celle des autres peuples, est,
pour ainsi dire, stationnaire depuis qu'elle
s'est étendue et perfectionnée en Europe,
les Empereurs conservent encore le louable

usage d'ouvrir la terre avec solennité, au
commencement de chaque printemps, et
d'offrir les prémices des récoltes au dieu
de l'univers, au *Tien* ou *Chang-Ti*, principe de toute chose (*).

Plus tard encore, peut-être, des peuplades descendant de l'Éthiopie dans l'É-
gypte y portèrent la langue, la civilisation et les productions indiennes des premiers âges, sous la conduite d'Isis et d'O-
siris, qu'ils adorèrent comme les symboles
du soleil et de la lune. Les inondations ré-
gulières du Nil et les dépôts fertiles que les
eaux laissaient, en se retirant, y rendaient
la culture des terres extrêmement facile;
mais il y avait à se défendre des dangers de

(*) L'empereur de la Chine, au dire des Missionnaires, sème, le jour de la cérémonie du labourage, les cinq espèces de grains qui sont censés
les plus nécessaires aux habitants de son empire
le froment, le riz, la fève, le millet et une autre
espèce de mil qu'on appelle *cao-leang*.

ces mêmes débordements. De là naquit , pour les habitants de cette contrée, la nécessité d'opposer aux eaux des digues et de faciliter leur écoulement en creusant des canaux. L'observation conduisit bientôt à utiliser ces mêmes eaux, en les dirigeant, à volonté, vers les terres qu'on voulait couvrir de leur fertile limon pour en accroître la fécondité (2).

Une des premières et des plus importantes colonies, dont il soit possible de suivre la naissance et les progrès, fut fondée par les Hébreux qui sortirent de l'Égypte sous la conduite de Moïse. Abraham, né dans la Chaldée, son fils Isaac et les autres patriarches avaient déjà fait, dans la Palestine, leur occupation de l'agriculture et de la multiplication des troupeaux.

Le culte de la Grèce fut emprunté à l'Égypte d'où Cécrops avait apporté les bienfaits de l'Agriculture. On retrouve Isis dans Cérès, Osiris dans Bacchus, Ammon dans Jupiter. La reconnaissance porta partout les peuples à diviniser ceux qui leur

apprenaient à cultiver la terre et à en multiplier les fruits. Les Grecs adorèrent Cérès
comme déesse des moissons, et attribuèrent l'invention de la charrue à Triptolème,
fils de Céléus, roi d'Éleusis.

Romulus, fondateur de Rome, institua
un collége de douze prêtres *arvales*(*), cou-
ronnés d'épis de blé, pour offrir aux dieux
les prémices de la terre et pour leur de-
mander des récoltes abondantes.

Les tribus rustiques formèrent, dans cette
ville naissante, le premier ordre des citoyens, auquel était confiée la garde de ses
principaux quartiers. Les monnaies frap-
pées sous le règne de Servius Tullius (*as
liberalis*)(**) portèrent l'empreinte de la va-

(*) Les premiers furent les douze frères Arvales
(*fratres Arvali*), fils d'*Acca Laurentia*, nourrice
de Romulus. Les sacrifices offerts par ceux qui leur
succédèrent dans leurs charges furent appelés *Am-
barvalia* ou *Laurentiala*, en considération de *Laurentia*. Ils se faisaient au mois d'avril.

(**) On nommait *as rudis* les morceaux de cui-

che, de la brebis, ensuite celle du bœuf, du
mouton, du pourceau, usage conservé par
plusieurs nations modernes, et d'où la monnaie prit, dans la langue latine, le nom de
Pecunia.

Dans toutes ces contrées, les premiers
chefs des nations furent des pasteurs ou
des cultivateurs entreprenants, que la nécessité de défendre les populations qui s'attachaient à leur sort rendit guerriers et
conquérants. Long-temps après, encore,
les rois, les généraux d'armée se glorifiè-
rent de leurs connaissances agricoles. Cyrus le Jeune, roi de Babylone, plantait et
cultivait lui-même ses jardins. Hiéron, roi
de Syracuse, écrivait sur l'agriculture : les
ouvrages de Magon, général des Carthaginois, furent respectés et conservés lors du
sac de Carthage : Rome enlevait Cincinnatus à la charrue pour commander ses ar-

vre, de forme brute, pesant une livre, que Numa
avait mis, antérieurement, en circulation.

mées. Alors, selon la belle expression de
Pline, la terre s'enorgueillissait d'être cultivée par des mains victorieuses et consu-
laires.

Les Scythes, ou Germains, rebelles à
ces exemples, regardèrent, pendant long-
temps, comme une honte de cultiver la
terre. Ils confiaient ce soin aux vieillards
et aux hommes faibles que leurs infirmi-
tés empêchaient de les suivre à la guerre.
Le seul grain qu'ils cultivassent était l'orge,
dont ils composaient déjà une boisson fermentée. Ils ne devinrent cultivateurs qu'a-
près la conquête de la Grande-Bretagne
où les Romains avaient encouragé l'art du
labourage.

Ces mêmes Romains l'améliorèrent en
Espagne et dans la Gaule qu'ils rendirent
la plus fertile et la plus belle de leurs provinces transalpines.

Au nord des grandes chaines de montagnes de l'Asie, l'âpreté du climat retarda
les progrès de la civilisation et de la culture. Les populations plus rares, moins

industrieuses et plus pauvres, y ont conservé, jusqu'à nos jours, la vie pastorale et
des habitudes de migration.

Les Kalmoucks du Volga hivernent dans
les contrées inférieures que ce fleuve par-
court vers la mer Caspienne, et passent
l'été dans les plaines élevées du *Don*. Les
Baschires, alliant la vie errante des peuples pasteurs à l'agriculture et abandonnant leur bétail à sa propre conduite, ont
des huttes d'hiver à demeure, et des
huttes ou *Jurtes* d'été mobiles.

Le laboureur, dans ces régions à demi
sauvages, jette encore sa semence sur son
champ sans travail préparatoire, et la re-
couvre ensuite légèrement avec sa *socha*,
espèce d'ARAIRE qui déchire à peine la
superficie du sol et qu'il fait suivre d'une
herse grossière. On y retrouve donc, per-
pétuées jusqu'à nos jours, des pratiques
qui nous reportent à l'origine des arts et
qui nous donnent une représentation assez
fidèle des premiers essais de culture des
plantes alimentaires, dans les siècles

2

voisins du plus grand bouleversement dont la mémoire des hommes ait conservé le souvenir.

Dès que les eaux se furent éloignées de la cime des monts, unique asile des créatures humaines fuyant le déluge, et que les premiers rayons du soleil apparurent pour ressuyer et réchauffer la terre humide, une hymne d'adoration dut s'élever vers l'astre resplendissant dont la toute-puissance semblait se manifester; car rien n'était aussi naturel que de confondre l'objet le plus merveilleux de la création avec le Créateur, et de lui attribuer le gouvernement du monde. Ce culte était celui de l'inspiration et de la reconnaissance.

Le chef adopté par la tribu échappée au déluge en devint le premier lévite. Ainsi se fonda ce gouvernement théocratique qui survit encore, dans l'Inde, aux bouleversements des empires, et dont les ramifications s'étendirent, en se modifiant, sur la totalité du vaste continent de l'Asie.

Après avoir adoré le soleil, les regards se portèrent vers le spectacle que présentait l'aspect admirable du ciel ; on observa les astres. La science astronomique prit naissance ; elle devint l'ame de tout le système religieux désigné aujourd'hui sous le nom de *sabéisme*, et qui a pour fondement la commémoration des phases astronomiques. On sentit bientôt le besoin de distinguer les saisons et d'en déterminer le retour : des fêtes périodiques le signalèrent. Toutes les cérémonies religieuses rappelèrent l'agriculture, et firent reconnaître à l'homme l'utilité du travail pour renouveler les fruits de la terre.

La nécessité de perpétuer et d'accroître les faibles ressources primitives avait déjà porté à respecter et conserver, pour la reproduction, le petit nombre d'animaux épargnés par les eaux. Les prêtres législateurs s'étudièrent à persuader qu'après la mort l'ame passait successivement dans les

corps des animaux terrestres, aquatiques
et aériens, pour revenir habiter ceux des
hommes. Cette doctrine, inspirée par la
prévoyance, et qui servit de fondement à
celle de l'immortalité de l'ame, conduisit à
donner une espèce d'horreur pour la chair
des animaux (3), et à faire de ceux-ci un
objet d'adoration ('). Elle devint, en même
temps, une cause puissante des progrés de
la culture, en obligeant les premiers habitants de la terre à chercher leurs aliments
dans les substances végétales, et en exci-
tant à les multiplier.

Lorsqu'ils eurent remarqué que ces
productions fournissaient, en certain temps
et dans certaines circonstances, une nour-

(' Ce culte s'est conservé au Japon. On lit dans
l'ouvrage intitulé: *Ambassades mémorables au
Japon*, qu'il existe, dans ce pays, des temples magni
fiques, consacrés au bœuf et à la vache, et qu'il
est défendu, sous peine de la vie, de tuer ces animaux

riture plus substantielle et plus abondante,
ils s'efforcèrent d'obtenir par leur industrie, ce que la nature n'offrait avec largesse
que dans quelques lieux·privilégiés. Alors
naquit l'art du labourage.

Plutarque prétend que cet art a été enseigné par le Porc, fendant la terre avec son
groin dont la forme a été imitée dans celle
du soc de la CHARRUE; mais long-temps
avant de faire emploi d'un instrument qui
appartient déjà à une culture améliorée,
un simple pieu d'abord, puis une branche
de bois crochue durcie par le feu, un cail-
lou, un os ajusté en forme de pic, durent
servir à remuer la terre.

L'homme, après avoir dompté le Bœuf et
le Cheval, leur fit partager ses fatigues.
Le soc auquel on adapta un manche, pour
rendre sa direction plus facile, s'ajusta de
manière à faire tirer ces animaux. Lorsqu'on fut arrivé à fabriquer des socs en fer,
invention dont les Hébreux firent honneur

à Tubalcaën (*), et dont les Grecs attribuèrent le premier emploi à Cérès, l'ouvrage
du laboureur acquit un nouveau degré de
perfectionnement. Ce premier type des instruments de la grande culture, représenté
sur d'anciennes médailles et sur des vases
campaniens, se trouve encore, avec de légères modifications, dans l'Inde, en Égypte,
chez les Arabes, en Espagne et même en
France (**).

(*) Il y a lieu de croire que le *Tubalcaën* des
Hébreux est le même que le *Vulcain* auquel les
Grecs attribuèrent l'invention de l'art de forger le
fer.—Les Égyptiens adoraient aussi un *Vulcain*,
fils du Nil, qui, selon eux, découvrit le feu.

(**) Je l'ai particulièrement remarqué dans les
environs de Chauvigny, département de la Vienne.
On retrouve aussi l'araire à un seul mancheron,
du côté de Marmande et d'Aiguillon. Celui qui
s'emploie dans une partie du département de
l'Indre a deux mancherons ; mais il se rapproche,
d'ailleurs, beaucoup, par sa simplicité, du premier dont j'ai fait mention. L'araire a été plus ou

Cet instrument, comme celui plus léger dont les Indiens et les Chinois font usage, et auquel ils attellent un seul bœuf, divise et soulève la terre plutôt qu'il ne la retourne (4). C'est aussi l'effet que produit l'araire adopté dans quelques unes de nos provinces, et imité de celui dont se servirent, d'abord, les Romains; mais quand ceux-ci eurent reconnu qu'en se bornant à soulever le sol, au lieu de le renverser, on ne remplissait pas toutes les conditions d'un bon labour, ils imaginèrent des Versoirs, ou oreilles (*aurita*), qu'ils employaient principalement pour recouvrir la semence, former des sillons, et tracer des rigoles pour l'écoulement des eaux.

Pline attribue aux habitants de la Gaule cisalpine l'invention de la charrue à roues (*Planaratrum*) dont on commençait à se

moins perfectionné, dans plusieurs de nos départements méridionaux, où un grand nombre de coutumes romaines se sont conservées.

servir de son temps et qui était déjà en
usage chez les Anglo-Saxons. On lui donnait aussi, par corruption, le nom de PLAUM
dérivé de *plaustrum* (chariot), mot d'où
sont venus ceux de PLOUGH des Anglais et
de PFLUG des Allemands. Elle fut adoptée
successivement dans la plupart des pays à
grande culture.

Les mêmes Romains, bons observateurs,
et qui se montraient empressés de rapporter dans leur patrie les instruments utiles
des peuples soumis à leur empire, ajoutè-
rent un Coutre (*culter*), pour couper la terre
en avant du soc et en faciliter l'action.
Pour la mieux diviser encore, ils employèrent la HERSE à dents (*crates dentata*). Cet
instrument, dédaigné, même de nos jours,
dans plusieurs localités arriérées du centre
de la France, était employé, quelquefois,
pour recouvrir la semence. On faisait également usage de grands râteaux à dents de
fer, ou de rouleaux, afin de mieux rompre
les mottes. Une claie d'osier, plus ou moins
chargée de pierres, rendait, à peu près, le

même service. Le livre de Job(*) et le Zind-Avesta font mention de la Herse. Elle était

(*) Le verset du livre de Job porte, dans la traduction de Le Maistre de Sacy : « Lierez-vous le » rhinocéros aux traits *de votre charrue* afin qu'il » laboure, et rompra-t-il, après vous, *avec la herse,* » les mottes des vallons? »

Les mots soulignés sont, si je ne m'abuse, ajoutés par le traducteur pour faciliter l'intelligence du texte ; mais on peut faire observer que la rupture des mottes devait s'opérer, en effet, soit au moyen de ce que nous nommons *herse*, soit par l'emploi d'un *rouleau* ou de l'équivalent.

Au centre de la France, afin de rabattre, pour recevoir la semence, la crête des sillons formés par l'araire, on fait passer une pièce de bois ayant sept à huit pieds de long, fixée à une flèche qui repose sur le joug des bœufs, et que le laboureur dirige, soit en accroissant son action par son propre poids, soit en la soulevant, à l'aide de deux bâtons ou manches, sur lesquels il s'appuie. — Ne serait-ce pas là la herse primitive conservée aux mêmes lieux où l'araire des premiers âges n'a reçu, pour ainsi dire, aucune modification?

connue des Celtes, long-temps avant que les Romains l'adoptassent (*).

La FAUCILLE à dents de scie, conservée en Chine, où elle sert à couper le riz, est décrite par Hésiode. En premier lieu, cette faucille fut droite en forme de couteau : on donna ensuite de la courbure à la lame, ainsi qu'au manche (**). Saturne était représenté tenant une FAUX à la main, pour marquer qu'il présidait au temps et à l'agriculture.

La séparation des grains de leur enveloppe s'est opérée, d'abord, soit par le frottement entre les mains, soit au moyen de perches, ou de bâtons dont l'effet donna l'idée du FLÉAU. Le vannage s'exécutait en jetant le grain à la pelle, ainsi que cela se

---

(*) On voit, sur la bordure de la célèbre tapisserie de Bayeux, un homme labourant, suivi d'un autre, qui dirige une herse, traînée par un seul bœuf.

(**) Homère (*Odyssée*, chant XVIe) dit : Prenez une belle clef d'airain *courbée en faucille*, etc. Elle est aussi figurée sur l'obélisque de Louqsor.

pratique encore dans beaucoup de contrées.
On y procédait aussi à l'aide d'un tissu de
branches d'arbre. Les Romains apprirent
des Celtes à se servir des cribles de crin.
Le dépiquage usité dans le midi de l'Europe a été imité du procédé adopté dans
l'Attique pour détacher le grain de l'épi(*).
Schaw nous apprend que, dans les environs
de Derbent, on parvient au même but en
faisant passer, sur les tiges du blé, un bloc
de bois assujetti à deux planches oblongues
armées, en dessous, de chevilles pointues ;
mais ces derniers procédés ne peuvent être
employés avec succès que dans les pays
chauds et secs, où ils s'exécutent en plein
air.

La BÈCHE des Romains avait, à peu près,

(*) Dans les premiers temps de la culture du blé,
on ne coupait que l'épi; la paille se brûlait sur
place; les épis étaient conservés dans des corbeilles
ou de grandes jarres. On séparait le grain à mesure
qu'on avait besoin de celui-ci.

la forme que les modernes ont adoptée pour la leur (5).

L'énumération que je viens de faire montre combien la découverte de la fabrication du fer a contribué aux progrès et à l'amélioration de l'agriculture. C'est parce que ce métal, plus susceptible que tout autre, par sa roideur et par sa trempe, de supporter de violents efforts, ou de vaincre de grandes résistances, était inconnu en Amérique, lors de sa découverte par les Espagnols, que les procédés de culture y restèrent presque semblables à ceux de l'enfance du monde (6).

Les nations qui habitaient cette vaste contrée furent, à bien d'autres égards, moins heureusement partagées que celles de l'Orient. — La vigogne et le lama (*) étaient les seuls animaux dont ils retiras-

---

(*) Appelés, dans la langue du Pérou, *paco* et *huanacu*. On ajoutait à ces mots celui de *llama*, qui signifie troupeau : *huanacu llama* et *pacollama* servaient à désigner les animaux en état de domesticité. (V. Garcillasso de la Vega.)

sent de l'utilité; ils n'avaient ni chevaux, ni bœufs; tous les grands quadrupèdes dont la race s'était conservée dans les autres parties de notre globe leur étaient également inconnus; — ils ne possédaient ni le porc, ni la brebis, ni la chèvre : — le blé, le riz, la vigne, l'olivier, tous les arbres à fruits succulents de nos vergers leur manquaient, ainsi que la presque totalité des légumes que nous cultivons.

Et cependant, ces peuples, réduits à la culture du maïs et à la stérile richesse de leurs mines de cuivre, d'argent et d'or, étaient parvenus, les Péruviens surtout, à un assez haut degré de civilisation et d'industrie. Ils avaient, ainsi que les Égyptiens, porté fort loin l'art de l'irrigation et de la construction des canaux : ils donnaient aussi beaucoup de soin à la préparation des engrais et suppléaient, par un travail manuel opiniâtre, à l'imperfection de leurs procédés de labourage. Attelés, en quelque sorte, à leurs grossiers instruments, ils remuaient et ameublissaient la terre de façon à en ob-

tenir de belles récoltes : nulle occupation
n'était plus honorée. Le législateur des Péruviens, Manco-Capac, en consacrant une
portion des terres et de leurs fruits au
soleil, objet de leur culte comme de celui
des peuples de la haute Asie, avait fait, des
travaux agricoles, le fondement de la
doctrine religieuse. Les princes du sang
royal labouraient de leurs mains les champs
sacrés; c'était pour eux un privilége dont
ils se montraient jaloux. L'ensemencement
des terres était précédé d'une fête; on en
célébrait une nouvelle, lorsque le maïs commençait à paraître. On offrait au Soleil, père
de l'agriculture et auteur de la fécondité du
sol, les plus beaux produits des récoltes;
ainsi, tout ramenait à la nécessité du travail pour remplir les devoirs religieux ou
civils.—Et ce peuple, que tant de vertus primitives distinguaient, a été traité de sauvage
et de barbare, persécuté, dispersé, presque détruit par les avides et fanatiques conquérants qui se sont disputé l'or de ses
mines!

Les hommes échappés au désastre général durent, dans les premiers temps, se borner à cultiver les végétaux dont ils avaient conservé les semences, ou qui croissaient naturellement dans les lieux voisins de leur asile. Le nombre de ces plantes s'accrut ensuite de celles qu'ils découvrirent dans leurs excursions. Après en avoir éprouvé les qualités alimentaires et leur avoir donné des soins qui les perfectionnèrent, ils les transportèrent partout où ils allèrent s'établir, jusqu'à ce que le changement de température les eût avertis que les différences d'organisation des végétaux ne permettent pas d'en étendre indéfiniment la culture.

Heureusement, les graminées les plus utiles, telles que le FROMENT, le SEIGLE, l'ORGE, l'AVOINE, s'accommodant de presque tous les climats, rien ne s'est opposé à ce qu'elles se répandissent dans une grande partie de la planète que nous habitons. — L'épeautre, sorte de froment adhérent à sa balle, di-

verses espèces de riz et de millet, la fève,
le pois, le haricot, les lentilles, les lupins,
la courge, la rave, le navet, l'ail, l'oignon,
le fenouil, le céleri, le chanvre et le lin
ont été cultivés, depuis un temps immémorial, aux Indes, en Égypte et à la Chine.
Ces diverses productions se sont ensuite ré-
pandues dans les colonies formées par les
habitants de ces vastes contrées. Le SARRASIN
(*Polygonum fagopyrum*) était, selon L.
Regnier, connu des Celtes qui l'ont cultivé
sous le nom de *had razin* (blé rouge), mot
d'où est venu son nom actuel, qui en a fait
attribuer, improprement, l'introduction
aux Arabes. Il est originaire de Perse.

Plusieurs peuples de l'antiquité faisaient
beaucoup de cas de l'orge; elle leur servait
de nourriture dès le temps de Moïse. Les
Athéniens, selon Pline, ne donnaient que
ce grain à leurs gladiateurs appelés par
dérision *hordearii* (*). Chez les Romains,

---

*, Pitiscus prétend, dans son Dictionnaire des

où on le réservait pour les animaux, le pain d'orge était imposé aux lâches et aux paresseux : Marcellus punit ainsi ses soldats vaincus par Annibal à la bataille de Cannes. Toutefois, par une bizarrerie difficile à expliquer, les mêmes Romains faisaient de

antiquités romaines, que le passage cité de Pline est corrompu, attendu que la bonne chère que faisaient les gladiateurs était passée en proverbe : *gladiatoria sagina*. (Expression de Tacite.)

Ne pourrait-on pas trouver l'origine de ces emplois de l'orge, si divers en apparence, dans le motif qui avait engagé à la faire entrer dans la nourriture des chevaux, celui de donner à ces animaux de la vigueur et du feu? Alors il cesserait de paraître étonnant qu'on en distribuât également aux gladiateurs et aux lâches : à ceux-ci pour leur inspirer quelque courage ; aux autres pour l'entretenir.

Chez les anciens Grecs, l'orge était offerte aux dieux. — Dans les cérémonies qui accompagnent le sacrifice fait par le vieux Nestor à Minerve, Arétus apporte, dans une corbeille, *l'orge sacré.* (Homère, *Odyssée*.)

3

l'orge une récompense qu'ils distribuaient,
sous le nom d'*hordearius missus*, à ceux
qui avaient remporté le prix de la course
aux jeux olympiques.—L'orge mondé était
plus généralement estimé; Hippocrate vante
ses excellentes qualités alimentaires.

Le PAIN des premiers âges ressemblait peu
au nôtre. On mêla d'abord la farine avec de
l'eau au moment de la faire cuire pour chaque repas; l'âtre du feu bien nettoyé, un
gril posé sur des charbons ardents, une
poêle tenue sur le feu, furent successivement employés à la cuisson de la pâte : on
imagina ensuite des fours portatifs, et, plus
tard, des fours fixes et solides : — il en est
question dans les livres saints.

Lorsqu'on eut remarqué qu'une substance acide servait à faire gonfler la pâte
et à lui donner plus de légèreté (7), l'usage
de ce LEVAIN s'introduisit insensiblement
dans tous les pays. Selon toute apparence
(car aucune certitude n'existe sur l'origine

du levain), un morceau de pâte, oublié et aigri dans le pétrin, ayant produit cet effet, on renouvela l'expérience et son succès décida à conserver une portion d'une fournée pour celle qui devait la suivre (*).

La conversion du blé en pain passa des Orientaux chez les peuples qui habitaient l'Europe. On essaya bientôt d'ajouter à la farine de l'huile, de la graisse, du lait, du fromage, du miel, du sel, des épices et même des légumes : telle fut l'origine de ce que nous appelons PATISSERIE (8). Les Romains mangèrent, premièrement, le blé en nature et cuit dans l'eau comme

(*) Voici comment Plutarque explique l'action du levain, dans ses *Recherches des causes de plusieurs façons et coutumes romaines :*

« Quant au levain, il s'engendre de corruption » de farine, et si fait lever et aigrir toute la masse » de la paste, quand il est meslé parmy ; car elle » en devient moins forte et moins tenante ; et brief, » le lévement de la paste, c'est à dire l'opération » qu'y faict le levain, est comme une sorte de

le RIZ. Sous le règne de Numa Pompi
lius, ils le torréfièrent, ainsi que, dans
l'hémisphère occidental, les Péruviens le
pratiquaient pour le MAÏS. Après l'avoir
broyé dans des mortiers, ils en préparaient
une espèce de bouillie. Ce n'est que sous
le règne de Tarquin le Superbe que des
FOURS furent construits. A cette époque,
les Celtes exerçaient déjà l'art de fabriquer le pain fermenté. La LEVURE DE BIÈRE
leur fut même connue. Elle s'employait
aussi en Espagne et dans les Gaules, où
on séparait la farine du son, au moyen de
tamis de crin.

Lorsque les fours eurent remplacé chez
les Romains les fournaises qui servaient à
torréfier le grain, ils en confièrent la surveillance à ceux qui, sous la dénomination
de *Pinsores* ou *Pistores*, étaient déjà, depuis l'an 580, préposés à la boulangerie

---

» pourrissement; car, quand on y en met plus que
» de raison, il la rend du tout si aigre, que l'on
» n'en peult manger, et gaste la farine. »

approvisionnée par les greniers publics. Les membres de cette corporation, placés sous la surveillance et la protection du préfet des vivres, n'étaient pas libres, non plus que leurs enfants et leurs gendres, d'embrasser une autre profession. Cet usage passa de Rome dans les Gaules, et s'y conserva sous la première race de nos rois.

Dans le Nouveau-Monde, où les céréales que nous cultivons étaient inconnues, on mangeait, le plus souvent, le maïs grillé ou cuit dans l'eau. On y prépare encore avec la farine de ce grain des gâteaux (*Bollo*) qui remplacent le pain au Pérou, ainsi que dans toutes les contrées voisines des tropiques où une humidité surabondante, unie à une excessive chaleur, ne permet pas de cultiver, avec un succès soutenu, l'orge, le seigle et le froment (9).

Entre les autres substances alimentaires végétales connues des Anciens, les plus remarquables sont :

Le Riz employé de temps immémorial dans les Indes et dans la Chine, mais rare encore en Grèce au temps de Théophraste.

LE MILLET dont les Sarmates faisaient, au
rapport du même Théophraste, leur nourriture ordinaire. Ils en composaient une
bouillie, en y ajoutant du lait de jument et
du sang de cheval.

L'ÉPEAUTRE qui était en grand honneur
chez les Grecs et qu'Homère a célébré. Les
Romains le distinguaient du froment sous
le nom de *spelta*. Ils l'employaient aussi en
bouillie. C'était le grain le plus ordinairement choisi pour l'approvisionnement des
armées. Il a été, de tout temps, en usage en
Égypte et en Syrie, et dans une grande partie de l'Asie.

L'AVOINE servait, dès le temps d'Homère,
à la nourriture des animaux domestiques(*).
Toutefois, c'était l'orge qu'on distribuait
de préférence à la cavalerie romaine, et

(*) Homère dit (chant VIe de l'Iliade), en parlant de Pâris : « *Tel qu'un coursier nourri d'une
blanche avoine.* »

l'on désignait sous le nom d'*hordearium* l'argent qui se remettait aux cavaliers pour solder la nourriture de leurs chevaux.

Le hasard avait mis sur la voie de faire lever la pâte formée de farine unie à l'eau. Ce fut aussi, sans doute, une autre circonstance fortuite qui apprit que la fermentation du jus du raisin fournissait une boisson agréable et enivrante. Son emploi remonte au temps qui suivit immédiatement le déluge et l'avait probablement précédé. Selon l'Ancien Testament, Noé, au sortir de l'arche, cultiva la vigne et but du VIN.... Loth fut enivré par ses filles.

Les Égyptiens attribuaient la plantation et la culture de la vigne à Osiris (10). Tandis que les habitants de l'Attique faisaient à Bacchus l'honneur de ce bienfait, d'autres peuples l'accordaient à Saturne. Ce qu'il y a de certain, c'est que, dès la plus haute antiquité, on consacra aux dieux du pain et du vin. Melchisédec, roi de Salem et grand-pontife, en offrit pour remercier le Très-Haut de la victoire qu'Abraham venait de remporter.

Le vin, dont l'usage était interdit aux femmes, se conservait dans des vases de terre cuite ou dans des outres de peau enduits intérieurement de résine (11); on mettait quelquefois, en macération dans le vin, de la térébenthine, de la casse, de la lavande, de la poix, des racines d'Iris, etc.; les plus estimés étaient épais comme des sirops (*).

Pline, qui compte jusqu'à 195 variétés

(*) Le goût des anciens différait du nôtre à beaucoup d'égards. Ainsi, par exemple, les hommes sensuels, chez les Grecs et chez les Romains, buvaient alternativement, dans leurs repas, de l'eau chaude et de l'eau froide. Celle-ci se rafraîchissait même avec de la glace, pour que l'opposition fût plus tranchée.

Au reste, nous avons aussi nos boissons chaudes, le thé et le café.

de vins, ne fait aucune mention de l'EAU
DE VIE, qui paraît n'avoir pas été connue
des anciens, quoique Dutens cite, dans
son ouvrage sur l'origine des découvertes
attribuées aux modernes, des passages de
Sénèque, de Dioscoride, de Gallien, etc.,
lesquels tendent à prouver que la distilla-
tion était en usage chez les Grecs et chez
les Romains. Hippocrate avait, en effet,
mis sur la voie en écrivant : « Quand on fait
» bouillir de l'eau sur le feu, si la vapeur
» qui s'en élève vient à frapper quelque
» corps opposé, elle s'y attache, s'y con-
» dense et retombe en gouttes. »

Les peuples du centre de l'Europe restèrent,
pendant très long-temps, privés de la culture
de la vigne : il est présumable qu'elle fut introduite par les Phocéens sur les côtes de la
Gaule où le vin de Marseille fut le premier
en réputation. Bordeaux avait déjà des vi-
gnobles renommés au temps de Strabon qui
vivait sous le règne d'Auguste ; mais Domitien, ayant, à la suite d'une disette, pres-

crit, l'an 92 de notre ère, d'arracher toutes
les vignes, l'ordre fut exécuté avec rigueur (*). La culture de la vigne s'étendit
postérieurement partout où la chaleur du
climat permit au raisin de mûrir. On la
planta même dans les parties les plus sep-
tentrionales de l'Allemagne, ainsi que dans
les iles de la Grande-Bretagne.

Il faut que ce soit pour les hommes une
jouissance bien vive que celle que leur procurent les boissons fermentées, car elle a
été avidement recherchée dans toutes les
contrées du globe, même chez les sauvages
restés sans communication avec les peuples
civilisés. Cependant ces boissons ne s'ob-
tiennent que par des combinaisons et des
manipulations qui dénotent un esprit remarquable d'observation (12).

(*) En 282, Probus anéantit l'inique arrêt de
Domitien. Les légions romaines furent employées

Comment eût-on été conduit, par exemple, à la fabrication de la BIÈRE, qui est, après le vin, la première boisson fermentée dont il y a lieu de croire qu'on ait fait usage et dont le ZITHUS des anciens Égyptiens paraît avoir été le type, s'il n'était pas probable que, dans l'origine, ce ZITHUS ne consistait que dans une simple décoction d'orge, d'avoine, ou de riz ? Cette décoction s'étant aigrie par une conservation trop prolongée, on aura appris ainsi qu'en la faisant fermenter elle participait aux qualités et aux vertus du vin. On y ajouta, postérieurement, des lupins, du houblon, ou d'autres substances amères.

L'usage de la bière était très ancien en Grèce, dans la Gaule, dans la Germanie,

---

à replanter la vigne, dont la culture fit des progrès rapides.

Les Bretons obtinrent aussi de cet empereur la permission de planter des vignes. (Archéologie anglaise citée par Strutt.)

dans presque toutes les parties de l'Europe
où elle fut, jusqu'à l'introduction de la vigne,
la boisson fermentée la plus répandue (13).
Sa levûre servit même, dès les siècles le plus
reculés, pour faire gonfler la farine pétrie
avec l'eau; après avoir ensuite négligé ce
procédé, on y eut de nouveau recours pour
rendre la pâtisserie plus légère (14).

Un passage de Pline dénote que le CIDRE
et le POIRÉ furent connus des anciens (*).

Les Chinois font, depuis la plus haute
antiquité, une boisson enivrante (le *zamzou*) avec le riz; ils en composent une
autre avec des fèves et du lait distillé.

Le kouas des Moscovites se prépare avec
de l'orge et du seigle auxquels on ajoute une
infusion d'airelle-myrtille et de menthe.

La chicha est une autre boisson nour-

(*) « *Vinum fit è pyris* , *malorumque omnibus
generibus.* »

Plutarque parle aussi (aux propos de table) de
cidre fait de pommes ou de *dattes*.

rissante que les Indiens retirent du maïs germé et ensuite séché et torréfié.

Au Brésil, on faisait mâcher par de vieilles femmes, ou par des esclaves, ce même maïs pour obtenir le breuvage appelé *caou-in*, comme aux îles de la mer du Sud, le poivre enivrant pour la fabrication du *kava*.

L'herbe du Paraguay sert à celle du *mathé* des Péruviens ; le lait de jument aigri compose le *kniff* des Tartares. Les Kamtschadales préparent une boisson enivrante avec le suc d'un champignon. *Le wiskak* des Polonais est formé d'un mélange de cerises écrasées et de miel bouilli.

Partout les découvertes ont suivi l'ordre de besoins.

Je viens de mentionner les produits qu'un instinct de conservation et d'amélioration de leur bien-être conduisit les hommes, sortant de l'état de nature, à préparer. Les progrès de la civilisation firent incessamment connaître de nouveaux moyens de satisfaire les goûts et de multiplier les jouissances.

L'HUILE devint, par les nombreuses applications auxquelles elle se prête, une des premières nécessités des peuples réunis en société. Nous ignorons quand et comment s'introduisit son usage, que les Athéniens faisaient remonter à l'ancien Mercure et les Atlantides à Minerve, à qui l'olivier fut consacré. Jacob versa de l'huile sur l'autel érigé par lui, à Béthel, en commémoration du songe qu'il avait eu. Une colombe apporta, selon la Bible, à ceux qui étaient enfermés dans l'arche, une branche d'olivier, lorsque les eaux commencèrent à se retirer. Ne peut-on pas inférer de là que la connaissance des propriétés de cet arbre avait précédé le déluge ?

On ne tarda pas à remarquer que certains corps plongés dans l'huile, venant à s'allumer, conservaient leur lumière et se consumaient lentement. Alors on imagina les lampes : — elles étaient connues avant Moïse ; il en est fait plusieurs fois mention dans le livre de Job, et on lit dans la

Genèse qu'Abraham vit en songe une lampe ardente (*).

Justin a attribué aux Phocéens l'introduction de l'olivier dans les Gaules : cet arbre était partout un objet de respect. Les lois romaines défendaient d'en couper les branches et de les battre avec des perches pour en faire tomber le fruit. — Il n'était permis à personne, en Grèce, d'arracher dans son fonds plus de deux oliviers par an, à moins que ce ne fût pour un usage religieux. Il y a, d'ailleurs, lieu de croire que la plupart des plantes oléifères que nous cultivons, telles que la navette, le colza, le pavot, etc., n'ont pas été utilisées dans l'antiquité par l'extraction de l'huile de leurs graines ; toutefois, il paraît que les Japo-

(*) Homère ne fait pas mention des lampes dans sa belle description du palais d'Alcinoüs ; il n'y est question que de *torches éclatantes éclairant pendant la nuit les banquets.*

L'usage de ces torches, faites de bois résineux

nais les ont cultivées, pour cet usage, avant
les Européens.

Dans les premiers temps, on pilait le grain
dans des MORTIERS pour le réduire en farine,
ou, comme chez les Grecs, on l'écrasait
sur des tables de pierre, au moyen de rouleaux, ainsi que, de nos jours, on triture le
cacao. L'accroissement de la consommation des céréales ayant rendu nécessaire
l'emploi de procédés plus expéditifs et plus
économiques, on imagina de les broyer en-

séché, s'est conservé en Chine. Elles servent aussi,
dans les contrées du nord, pour éclairer les habitations. — En Suède, chez les paysans Dalécar-
liens, elles sont accrochées sur un des côtés infé-
rieurs de la cheminée, à quelques pieds au dessus
de l'âtre.

Plutarque dit (aux propos de table): « Le sel
» fait que les lampes brûlent et éclairent mieux,
» quand on en met dedans. »

tre deux pierres, l'une fixe, l'autre mouvante. Telle fut l'origine des MOULINS.

Cette pratique s'est conservée parmi les Arabes du désert. Les Israélites la trouvèrent établie en Égypte et se l'approprièrent à leur arrivée dans la terre promise. Les Grecs ne tardèrent pas à suivre le même exemple. Homère fait mention, dans son Odyssée, de moulins à bras. Ils étaient généralement mis en action par les femmes(*).

Lorsqu'après la conquête de l'Égypte, les Romains substituèrent les Meules aux Pilons dont ils se servaient pour décortiquer le blé et l'écraser plutôt que pour le moudre, ils employèrent des chevaux, ou des ânes, pour faire tourner les meules.

Pomponius-Sabinus fixe au temps de Jules-César le premier essai des Moulins

(*) Dans la description du palais d'Alcinoüs déjà citée, Homère dit : Cinquante femmes, dans ce palais, se livraient à divers travaux : *les unes étaient occupées à moudre le froment doré.*

4

mus par l'eau; Pline en parle comme d'une machine extraordinaire et fort rare encore. Ce ne fut, en effet, que vers le ive siècle de notre ère, sous le règne d'Honorius et d'Arcadius, qu'on établit à Rome les premiers moulins à eau destinés au service public. Antipater y fait allusion dans une de ses épigrammes (15). Vitruve en donne la description. Au commencement du ve siècle, il existait de ces sortes de moulins dans les Gaules et en Égypte. Les Anglais ne s'en servirent que vers la fin du viie siècle; ils conservèrent, jusqu'à cette époque, l'usage des mortiers à pilon et des moulins à bras.

Des machines si simples et si imparfaites convenaient moins pour moudre le grain que pour exprimer l'huile; elles furent promptement adaptées à cette destination (*). Alors les olives s'écrasèrent dans

---

(*) « Ordonnez aux enfants d'Israël de vous ap-
» porter l'huile la plus pure des olives qui auront

une auge, au moyen de deux segments de
sphère placés perpendiculairement et tournant autour d'un axe ; un essieu, qui se
prolongeait hors des meules, servait de bras
de levier aux hommes destinés à mettre en
mouvement cette machine ; son action se
bornait à déchirer la pulpe des olives et à
la détacher des noyaux sans les broyer.
Pour exprimer l'huile que contenait la
pulpe, on imagina des PRESSOIRS, dont on se
servit aussi pour retirer plus complétement
le jus du raisin.

Ce que je viens de dire des inventions
mécaniques suffira pour montrer comment
les hommes parvinrent, par degrés, à multiplier leurs moyens de jouissance et à utiliser les produits variés de la terre fécondée
par leur travail. C'est ainsi qu'ils apprirent

» été pilées au mortier, afin que les lampes brûlent
» toujours. » (Exode , chap. xxvii, v. 20.)

successivement à filer non seulement la
Laine de leurs troupeaux et le poil de leurs
chèvres(*), mais le Chanvre et le Lin qu'ils
récoltaient (**), et à en rassembler et tis-
ser les brins pour fabriquer des étoffes et se
procurer des vêtements appropriés, par
leur épaisseur ou par leur légèreté, à toutes
les saisons de l'année et à tous les climats.

Dès lors, les opérations diverses de la

(*) Au chapitre xxvii de l'Exode, verset 7, on lit :
« Vous ferez encore onze couvertures de *poils de*
» *chèvre* pour couvrir le dessus du tabernacle. Cha-
» cune de ces couvertures aura trente coudées de
» long et quatre de large. » — La coudée étant
égale à environ un pied et demi, l'étoffe devait
avoir six pieds ou deux mètres de largeur, ce qui
dénote combien l'art du tissage des étoffes avait
déjà fait de progrès.

(**) Même chapitre de l'Exode, verset 1er, il est
dit : « *Il y aura* dix rideaux *de lin retors*, de cou-
» leur d'hyacinthe, de pourpre et d'écarlate, teints
» deux fois. Ils seront parsemés d'ouvrages de bro-
» derie. »

culture, incertaines d'abord, se rectifièrent
et se fixèrent; à mesure que la consommation s'accrut et que les expériences se multiplièrent, chaque peuple se fit un système
réglé d'après la latitude du pays qu'il habitait, la nature du sol sur lequel il exer-
çait son industrie, l'esprit des lois religieuses et civiles auxquelles il se soumettait.

L'influence de la législation et des usages
des Romains s'étendit avec leurs conquêtes.
Elle fut telle que les temps de barbarie qui
ont suivi la destruction de leur immense
empire n'ont pu en effacer entièrement les
traces, et que, dans la plus grande partie de
l'Europe, les méthodes et les règles de culture, ainsi que les pratiques, ou les coutumes diverses qu'ils avaient adoptées, se sont
conservées jusqu'à nos jours. Un exposé rapide de ces usages et de ces méthodes devient
donc nécessaire pour faire mieux connaître
et apprécier les institutions ainsi que les
procédés agricoles qui ont prévalu dans le
moyen-âge.

Les premiers habitants de Rome différaient peu des hordes sauvages. Romulus, ayant senti que le meilleur moyen d'adoucir leurs mœurs et de les attacher à leur nouvelle patrie serait de les détourner de la vie nomade, s'empressa de diviser entre eux le territoire dont il avait fait choix et les excita à le cultiver. Après en avoir réservé une partie pour le culte des Dieux, une autre pour le domaine royal et les besoins de l'État, chaque citoyen reçut, en partage, deux *Jugera* (*). L'exiguité de ces possessions ne laissant à leurs propriétaires

(*) Un peu moins d'un hectare ou deux arpents. Le *jugerum* était considéré comme une mesure de terre égale à celle qui pouvait être labourée en un jour avec une paire de bœufs. *Jugerum vocabatur*, dit Pline, *quod uno jugo boum in die exarare posset.* Voyez, note 24ᵉ, comment le même Pline réglait l'étendue de terre à labourer dans un jour, d'après la nature et l'état du sol.

aucun superflu qu'ils pussent vendre sans nécessité de remplacement, les bestiaux s'échangeaient contre d'autres bestiaux, contre des grains, des vêtements. Les amendes imposées à ceux qui contrevenaient aux lois furent également taxées en bestiaux. De là le vol des deniers publics, ou la concussion, s'appela *peculatus*, d'où nous avons dérivé le mot de *péculat*.

De même, comme les revenus publics provenaient principalement du produit des pâturages (*pabula*), les registres destinés à les inscrire reçurent le nom de *Pabularia*, qu'ils conservèrent jusqu'au temps de Pline, quoique, à cette époque, ces revenus eussent bien changé de nature.

Une fête (*festa bubularia*) fut instituée en l'honneur des bestiaux; une autre célébra la déesse *Bubona*, qui veillait à la conservation des bœufs. On adora Saturne sous le nom de *Sterculius*, parce qu'il avait enseigné l'emploi de leurs excréments pour accroître la fertilité de la terre. Les chefs des familles les plus considérées furent dis-

tingués par des noms propres, tels que
Bubulus, *Caprarius*, *Porcius*, dérivés des
bestiaux auxquels ils consacraient plus
spécialement leurs soins. Le bœuf et le taureau devinrent l'objet d'une préférence
marquée, d'une sorte de culte. C'était un
crime que de tuer ces animaux pour une
autre destination que des offrandes aux
dieux.

Les premiers Romains donnèrent à la
contrée où ils s'étaient fixés le nom grec du
taureau (*Italos*), déjà placé au nombre des
signes du zodiaque. Son image se sculptait
sur les monuments publics. Ce respect religieux pour l'espèce bovine s'affaiblit insensiblement; mais le bœuf continua d'être
presque exclusivement employé au labourage (16).

L'utilité générale des animaux domestiques les fit choisir pour signe primitif de
la richesse, pour premier moyen de la cons-
tater et d'obtenir, par des échanges, les ob-
jets dont on éprouvait la privation.

Numa Pompilius s'étant convaincu de la

nécessité de créer une valeur convention-
nelle, plus facilement admissible dans les
transactions, mit en circulation des morceaux de cuivre de diverses grandeurs.
Leur poids déterminait, ainsi que je l'ai
déjà dit, la valeur de la marchandise qu'ils
représentaient. Servius Tullius fit ensuite
graver sur ces pièces de cuivre l'empreinte
des animaux dont elles constataient la ces-
sion, et ordonna qu'elles seraient admises
en paiement des amendes.

Telle fut l'origine des MONNAIES et des
Opérations commerciales chez les Romains.
Leur territoire s'étant promptement agrandi
par l'addition de celui des peuples vaincus,
il fallut, malgré l'accroissement rapide des
classes de la population qui avaient part
aux distributions, et nonobstant les réser-
ves des pâturages faites pour l'utilité commune, il fallut, dis-je, donner plus d'étendue aux possessions agraires de chaque famille. Après l'expulsion des rois, on en
fixa le *maximum* à sept *jugera* (trois hec-
tares environ). Alors les plus illustres des

Romains mettaient à honneur de ne rien
accepter au delà de la part commune. Cu-
rius Dentatus, ayant rendu de grands services et reçu trois fois les honneurs du
triomphe, le sénat lui offrit cinquante *jugera;* mais il n'en voulut recevoir que
sept, comme les autres citoyens. Cependant
aucune loi ne limita les acquisitions, jusqu'à celle que Linius Stolo fit adopter, et
par laquelle il fut interdit de posséder plus
de cinq cents *jugera*, loi assez promptement violée par *Stolo* lui-même.

Montesquieu a dit que le partage des terres, qui donnait à chaque Romain un intérêt
égal à défendre sa nouvelle patrie, contribua à en fonder la puissance. Je ferai remarquer que ce qui pouvait convenir pour
exciter l'ambition et l'ardeur guerrière des
compagnons peu nombreux de Romulus devint d'une application impossible lorsque
la population et le territoire eurent reçu de
grands développements. L'égalité de fortune s'effaça bientôt par l'insouciance ou la
prodigalité des uns, par l'esprit d'ordre et

d'économie des autres. D'ailleurs, l'institution politique du partage des terres fut sapée dans sa base par la permission indéfinie de tester, et par les ventes publiques qui furent autorisées.

Toutefois, l'idée de la prééminence de l'agriculture resta si fortement empreinte dans les esprits que, pour récompenser un général d'armée ou un simple guerrier illustré par des actions d'éclat, la république décernait autant de terres qu'un homme peut en labourer dans un jour. C'était aussi une distinction des plus honorables que de recevoir du peuple satisfait une petite mesure de grain. Les tribus de la campagne furent pendant long-temps les plus estimées. Le laboureur tenait le premier rang après les patriciens. Pour être compté au nombre des défenseurs de la patrie, il fallait être propriétaire de terres. Les généraux quittaient la charrue pour commander les armées, et s'empressaient de la reprendre, dès qu'ils n'avaient plus d'ennemis à combattre.

Cette simplicité de mœurs se conserva
pendant plusieurs siècles ; mais les immenses richesses que procura la conquête des
plus fertiles contrées de l'Asie et de l'A-
frique firent négliger l'agriculture. Les
propriétés rurales cultivées par des merce-
naires s'étendirent alors sans mesure. La
petite métairie du poète Ausone (c'est ainsi
qu'il désigne son héritage) se composait
de deux cents arpents de terres labourables,
de cent arpents de vignes, de cinquante
arpents de prairies et de sept cents arpents
de bois. Les champs voisins de Rome furent convertis en parcs d'agrément, les
prairies en jardins (17). On fut insensiblement réduit à faire venir des provinces
éloignées les grains nécessaires à la consommation publique. Dès qu'il ne fut plus interdit de posséder légalement de grandes
terres, on en confia la culture à des esclaves, à des domestiques ou à des fermiers,
qui n'y apportèrent pas le même soin, la
même intelligence que les propriétaires.

Alors s'établit un nouvel ordre de choses

qui, après avoir servi de fondement, ou de prétexte, à l'état politique et au mode de possession du moyen-âge, s'est maintenu, jusqu'à nos jours, dans quelques États du nord de l'Europe.

Les Romains, comme les autres peuples de l'antiquité, soumettaient à l'esclavage les populations vaincues par eux; mais cet esclavage avait ses degrés.

L'esclave à titre personnel était la propriété du maître, qui en disposait selon son libre arbitre.

L'esclave, ou plutôt le *serf attaché à la glèbe,* ne pouvait pas être séparé du sol; il en suivait la destination, lorsqu'il y avait changement de propriétaires. C'était, en général, la condition imposée aux vaincus déjà adonnés à la culture des terres. L'enregistrement (*adscriptio*) qui se faisait de ces serfs était considéré comme une sorte de naturalisation achetée par une servitude foncière, et par le paiement de redevances

et de charges extraordinaires. Le serf foncier ne participait pas au service militaire.

Immédiatement au dessus de lui dans
l'ordre civil, venait le paysan ou colon
(*colonus*), désigné aussi sous le nom de *rus-
ticus* ou de *censuus*. Ces colons faisaient
partie de la dernière des centuries, qui comprenait les prolétaires (*proletarii*) et les re-
censés par tête (*capite censi*), ainsi nommés
de *census*, dénombrement. Le colon différait essentiellement du serf, en ce qu'il n'é-
tait pas exclu du service militaire, quoiqu'il fût, comme lui, attaché à la glèbe et
en état de servage.

Le propriétaire avait le droit de revendiquer les uns et les autres sur quelque point
du territoire qu'il les trouvât. Soumis,
comme les esclaves, à certains châtiments
corporels, aucune action civile ne leur
était accordée, hors le seul cas où on exi-
geait d'eux une redevance plus considérable que celle à laquelle ils avaient été tenus jusqu'alors. Si les colons s'évadaient,
ils étaient punis *comme ayant*, selon le

texte de la loi, *tenté de se voler eux-mêmes à leurs maîtres*. Ils ne devenaient libres que par la prescription trentenaire. On ne pouvait les vendre sans la terre, ni vendre la terre sans eux. Cependant, en cas de partage, les enfants ne devaient pas être séparés de leurs pères, les femmes de leurs maris.

On appartenait à la classe des colons de trois manières : 1° *par naissance*. En général, la condition de la mère entraînait celle de l'enfant.

2°. *Par la prescription*, c'est à dire lorsqu'on était resté trente ans dans la possession d'un maître sans réclamer.

3°. *Par contrat* fait avec le propriétaire.

La condition des colons romains, dont le nombre, plus ou moins grand, constituait comme, de nos jours, en Russie, le degré de valeur des terres, variait donc selon le mode de gestion adopté ou conservé par leurs possesseurs, ainsi que par les conventions que ces derniers avaient établies.

Quand le bail se faisait à cens (*censa*) (*) ou à rente perpétuelle, cette rente était peu considérable, surtout lorsque le cens (la taxe) se payait à l'État par suite de l'abandon d'une portion du territoire des vaincus; c'était la situation la plus ordinaire des colons proprement dits.

Lorsque la rente ne se stipulait que pour un temps limité, la transaction n'engageait celui qui traitait avec le possesseur de la terre que conformément aux clauses temporaires du contrat.

Le preneur entrait alors en jouissance d'une partie des fruits comme fermier (*politor*), ou *colonus partuarius*. Ce *partuarius* était le colon à partage de fruit, le *métayer*.

La garniture de la ferme (*le cheptel*) appartenait au propriétaire, qui fournissait aussi des esclaves pour aider le fermier dans

—————

(*) *Censa* ou *censio*, d'où *censuus*, censitaire, celui qui est soumis à la taxe.

ses travaux; celui-ci, lorsqu'il ne suppor-
tait aucune autre dépense que celle résul-
tant de l'entretien de sa famille, recevait
une part modique du produit de la culture,
ordinairement le cinquième, et quelquefois le huitième seulement.

Ces fermiers, ainsi que les régisseurs
des propriétés cultivées par des esclaves, ou
par des domestiques libres (18) (*villici*),
observaient une règle constante pour la culture des terres, l'ordre et la succession des
récoltes. L'usage s'introduisit de laisser reposer (*jacere*) le sol cultivable après en
avoir recueilli les productions, et de le soumettre à une rotation constante et régulière (*). Ce système fut fondé sur l'opi-

(*) Il était prescrit aux Juifs, *par des motifs religieux*, de laisser reposer la terre la septième année : *Ce sera*, dit le Lévitique, *le sabbat de la
terre, consacré à l'honneur du repos du Seigneur.
Vous ne sèmerez pas votre champ et vous ne taille-
rez point votre vigne..... Tout ce qui naîtra alors*

nion généralement admise de l'indispensable nécessité, pour détruire les mauvaises
herbes et *rajeunir la terre*, de la laisser,
pendant quelque temps, en repos, avant de
lui donner les labours qui devaient assurer
le succès des nouvelles productions qu'on
lui confiait (19). — Du mot latin *jacere* est
dérivé celui de *jachères*, que nous appli-
quons aux terres arables non ensemencées.

Rien de plus judicieux, d'ailleurs, que les
principes de la culture romaine : ils étaient
basés sur l'étude des parties constituantes
du sol, sur l'utilité de sa division par des
labours souvent répétés, sur celle des engrais pour en accroître ou en renouveler la
fertilité, et sur le choix raisonné des plantes qu'on pouvait cultiver avec le plus de
succès.

Mais les Romains n'avaient pas su également apprécier les avantages qui résultent

___

le soi-même servira à vous nourrir, ainsi que vos
bêtes de service et vos troupeaux.

de la culture alterne et des assolements variés. Ils réglaient, aussi, trop rigoureusement
leurs travaux sur le cours des astres ; on attribuait surtout à la lune une très grande
part d'influence que beaucoup de personnes
lui supposent encore, et défendent ou expli-
quent par celle qu'elle exerce, plus incon-
testablement, sur les marées et les courants.
On croyait qu'on pouvait vaquer à toutes
les opérations champêtres tant qu'elle crois-
sait, et qu'il fallait les interrompre, sauf à
se livrer à quelques ensemencements, dès
qu'elle arrivait à son déclin.

La chaleur et la sécheresse qui règnent
en Italie, pendant les mois de l'été, y avaient
fait proscrire les labours dans cette saison ; on les exécutait au printemps et en
automne, et on évitait, avec un égal soin,
de mettre la charrue dans une terre trop
mouillée. Lorsqu'on craignait que la sura-
bondance des eaux ne nuisît aux récoltes, on
pratiquait des saignées profondes, soit à air
libre, soit couvertes (20).

On semait, pour suppléer à l'insuffisance

des prairies, du seigle qui se fauchait en
vert, des lupins ou un mélange de pois,
de lentilles, de fèves et de vesces, comme
cela se pratique encore en quelques cantons,
sous le nom de *dragée*; c'était le *farrago*
des Romains.

La Luzerne formait la base des prairies
artificielles; elle avait été apportée de
Médie.

Un soin particulier s'appliquait à la préparation des engrais dont l'efficacité était
connue et appréciée (21). Le fumier d'é-
table réuni à la litière obtenait la préférence
sur tous les autres; on faisait aussi un grand
cas des végétaux enfouis lorsqu'ils étaient
en pleine végétation, et particulièrement
des Lupins.

Varron prescrivait d'avoir deux fosses:
l'une servant pour le fumier sortant des
étables, l'autre pour celui qui avait déjà
éprouvé une forte fermentation. Il recommandait de couvrir les tas avec des feuilles
et des branches d'arbre pour les garantir
de l'action du soleil, et de paver les fosses

pour empêcher l'absorption des sucs et des urines.

Columelle conseillait de jeter dans ces fosses toute sorte de substances animales et végétales, ainsi que de diviser plusieurs fois, pendant l'été, la masse qu'elles contenaient. Les modernes n'ont même pas à revendiquer la dénomination de COMPOSTS, qu'ils ont donnée à ces utiles mélanges, si justement préconisés par eux, le mot *compostus* ayant été adopté par Virgile comme syncope de *compositus*.

On employait avec succès le Marc d'Huile, les Cendres, la Fiente des animaux de basse-cour, le Parcage des moutons, la Chaux, la Marne et presque tous les engrais, ainsi que les amendements des trois règnes que nous utilisons. On ne mettait pas moins de soin à les répandre sur le sol en saison convenable, à les bien diviser, et à les enfouir le plus promptement possible.

La plus grande attention dirigeait dans

le choix des semences et de l'époque où on
les confiait à la terre (22). Les sols froids
et humides étaient les premiers ensemen-
cés; les plus chauds l'étaient les derniers.
On pensait que les semences devaient être
prélevées sur la dernière récolte; qu'il
convenait de choisir les plus pesantes
et de les faire tremper dans *l'Amurca*, mélange de nitre et de marc d'huile. Les blés,
pendant leur végétation, se sarclaient jusqu'à deux fois; on réglait ce travail sur
l'état de la terre et sur la saison.

Les Romains faisaient un cas particulier
des Fèves; elles se semaient, le plus souvent, sur jachères, sans façon préparatoire;
mais ils les enterraient par un bon labour
suivi de hersages. La paille et le grain servaient à la nourriture des bestiaux. Ils
cultivaient aussi les Lentilles, les Haricots,
les Pois, la Vesce, les Laitues, la Trigo-
nelle ou fenugrec et le Sésame (*), et pour

_____

(*) Le *sésame* est une plante de la famille des

fourrage vert la Luzerne, qui durait jusqu'à dix ans et qui fournissait cinq ou six
coupes dans les sols arrosés et fertiles.

L'Ail et l'Oignon, la Rave et le Navet se
semaient, au mois de juillet, en terrain naturellement frais. Pline parle de Raves de
trente à quarante livres(*); il n'y a donc
rien d'étonnant dans le poids de celles que
l'on récolte quelquefois en Angleterre. La
suie était, comme de nos jours, employée
pour les préserver des pucerons qui dévorent

bignones, originaire de l'Inde, mais cultivée, de
temps immémorial, en Égypte et en Orient; ses
graines s'y mangent grillées, comme le maïs, avec
lequel on l'a quelquefois confondu, ou cuites
comme le riz. On en retire une huile que l'on dit
être d'une excellente qualité. Il devrait réussir
dans les cantons secs de l'Algérie. Le *fenugrec*, ou
foin grec, se cultivait comme fourrage. Il sert
encore à cet usage dans quelques contrées de
l'Orient. Son produit est médiocre.

(*) La livre romaine était du poids de douze
onces.

les feuilles séminales dans les temps secs(*).
Les raves et les navets servaient à la nourriture des hommes et à celle des bestiaux.

Les Choux avaient été mis au premier
rang des médicaments tant internes qu'externes (23); on leur attribuait une vertu
merveilleuse. Les asperges se cultivaient
en Italie dès le temps de Caton; on estimait
particulièrement celles de Ravenne.

Une haute estime était accordée à l'art
de bien cultiver (24), et on le regardait
comme très difficile à acquérir. « Quand
» je considère, écrivait Columelle, le grand
» art de l'agriculture, lorsque je l'envisage

___

(*) Palladius conseille, comme remède contre
les pucerons, la suie ou *l'amurca*. (Voy. note 21°.)
Démocrite engage, selon Columelle, à tremper
la semence dans le suc du *sedum*, espèce d'orpin.
C'est sans doute le *sedum acre* (l'orpin brûlant),
dont le suc est âcre et corrosif.

» formant un corps d'étude d'une vaste
» étendue, et lorsque je passe à l'examen
» de toutes les parties dont il se compose,
» je crains de voir la fin de mes forces,
» avant d'avoir pu acquérir la connaissance
» entière. »

L'importance attachée à cet art sera
mieux justifiée et appréciée encore par la
citation de quelques uns des préceptes que
l'expérience avait sanctionnés, et qui n'ont
rien perdu de la justesse de leur application, en traversant les siècles.

Caton. « Il en est d'un champ comme
» d'un homme; il importe peu qu'il rapporte
» beaucoup, s'il coûte beaucoup; alors le
» profit est nul. Le vrai but est de retirer
» l'intérêt de ses avances et de ses peines;
» ainsi, le premier soin doit être d'épargner
» la dépense.

» Il faut, pour bien exploiter une terre,
» prendre garde de la travailler mal à pro-
» pos et s'attacher à la bien travailler et
» bien fumer. »

Palladius. « La présence du propriétaire

» fait le revenu principal d'un domaine.

» Mesurez vos entreprises sur vos facul-
» tés, de crainte d'être obligé d'abandonner
» honteusement ce que vous aurez entrepris:
» un petit terrain bien cultivé est plus pro-
» ductif qu'un grand terrain négligé. »

COLUMELLE. « Ce qui est le plus avan-
» tageux au propriétaire est de cultiver par
» des fermiers nés sur la ferme même; ce
» qui est le plus mauvais, c'est d'affermer
» à un habitant de la ville qui cultive plu-
» tôt par ses gens que par lui-même.»

PLINE. «Le grand art de l'agriculture
» consiste à retirer d'un fonds le produit le
» plus considérable, en y faisant le moins
» de dépense possible.

» Celui qui emploie le jour à des ouvra-
» ges qu'on peut exécuter le soir n'est pas
» un bon économe; plus mauvais économe
» encore est celui qui fait les jours ouvra-
» bles ce qu'il pourrait exécuter les jours
» de fête, et très mauvais celui qui travaille
» par un beau temps à la maison, au lieu
» d'aller aux champs.

» Tout ce qu'on a à faire en agriculture
» doit être bien fait du premier coup; car,
» lorsque, par négligence ou par impru-
» dence, il faut recommencer ce qui est mal
» fait, le temps convenable est passé et rien
» ne peut en réparer la perte, ni balancer
» les avantages qu'on aurait obtenus en
» profitant du moment opportun.

» C'est à l'intelligence et à l'expérience
» du cultivateur à apprécier la constitution
» du sol, l'espèce et la qualité des engrais
» qui lui conviennent le mieux.»

« Mal fumer, c'est presque ne pas fumer, »
était une opinion des Grecs adoptée par
Varron et Columelle.

On retrouve, d'ailleurs, dans la législation rurale des Romains, une application
constante du système qui prévalait sous le
gouvernement de leurs rois.

Nous avons vu qu'alors les pâturages et
les bestiaux obtenaient cette sorte de prédilection qui existe partout où le défaut de

population contraint à laisser inculte une grande partie des terres ; le droit de pâturage resta, lorsque les bras devinrent moins rares, au nombre des servitudes que les héritages voisins se devaient les uns aux autres, pour l'utilité commune : les propriétaires n'en jouissaient, sans partage, que lorsqu'ils étaient clos. De là la maxime, *qui bouche, il garde,* et l'extrême attention donnée à l'entretien et à la conservation des haies vives ou sèches, servant à la clôture des héritages.

On ne pouvait, toutefois, conduire les bestiaux sur les terres ensemencées par autrui qu'après l'enlèvement de la récolte (25). Le pâturage dans les bois était interdit pendant le temps de la glandée : on considérait aussi les prés comme clos et fermés pendant la saison nécessaire pour laisser croître et enlever l'herbe (26).

On appelait vaine pâture (*pascua vana*) le droit de laisser paître les bestiaux le long des chemins et sur les terres non closes dont les fruits quelconques avaient été re-

cueillis et enlevés : la libre disposition des
glands qui y tombaient des chênes plantés
en bordure constituait la pâture vive
(*pascua viva*).

Ce droit commun était si fortement en-
raciné, qu'il résista aux révolutions politiques ; on s'attacha, même sous l'empire, à
réprimer tout ce qui pouvait y porter at-
teinte. — Les Empereurs Valentinien et
Valens firent défendre aux préfets du pré-
toire de permettre que les fermes de pâturage fussent augmentées de prix, sous prétexte de surenchères, ou par tout autre
motif.

C'est aussi dans les coutumes romaines
que fut puisée l'idée d'assujettir certaines
classes de la population à des travaux péni-
bles, aux corvées par exemple.

Lorsque le maître affranchissait un esclave, il le grevait ordinairement de charges
particulières, imposées dans son intérêt
privé.—Nous verrons de semblables conditions faire partie des obligations des *mains-
mortables* qui remplacèrent les serfs, et

servir de fondement à cette ancienne maxime du droit français : *Tout main-mortable est corvéable.*

J'aurai également occasion de rappeler d'autres dispositions de la même législation, en m'arrêtant à l'époque qui suivit la destruction de l'Empire romain par les Barbares, époque déplorable, mais dont les institutions doivent être considérées, cependant, comme un essai de retour à l'ordre, et comme un premier pas vers un meilleur avenir.

DOCUMENTS SUPPLÉMENTAIRES.

—

Je n'aurais pu rattacher au texte de mon discours, sans me livrer à de longues digressions, plusieurs notions intéressantes relatives à l'économie rurale des anciens ; je vais essayer de remplir cette lacune.

Les personnes qui désireront plus de détails pourront consulter Dickson, DE L'AGRICULTURE DES ANCIENS ; ceux qu'il fournit s'appliquent, d'ailleurs, presque exclusivement aux usages des Romains. Je les invite aussi à prendre connaissance, dans l'Encyclopédie méthodique, des extraits donnés, par l'abbé Bonnataire, des meilleurs ouvrages que les anciens auteurs géoponiques ont publiés sur l'agriculture : ils y trouve-

ront reproduits d'excellents préceptes d'é-
conomie rurale.

(A.)

DU GENRE DE RICHESSE DES PEUPLES PASTEURS ET DES CAUSES DE LEURS MIGRATIONS.

La richesse des peuples pasteurs consistait, comme de nos jours, chez les tribus
nomades, dans leurs nombreux bestiaux.

Hérodote parle des troupeaux de chevaux
des peuples du Nord. Tacite, Strabon,
César, Végèce, Arrien, s'accordent à louer
leur bonté et à déprécier leurs formes. Ces
populations errantes devaient, en effet, peu
s'occuper de l'amélioration des races. Celle
qui existe encore en Tartarie et qui s'étendait des rives du Rhin jusqu'à celles du Don,
et peut-être plus loin, devait être particulièrement recherchée, parce qu'elle con-
somme peu, et qu'elle résiste aux inclé-
mences et à l'austérité du climat de ces
contrées. Ce climat a dû nécessairement

influer sur ses qualités comme sur ses défauts.

Pallas et Gmelin nous apprennent qu'il y a encore des Kalmouks qui possèdent trois à quatre mille chevaux. Les étalons sont les conducteurs de ces troupeaux ; on les voit souvent errer au loin dans les steppes à la tête des juments qu'ils défendent contre les animaux féroces avec le courage le plus intrépide.

Tout homme qui possède, dans les tribus à l'ouest du Baïkal, cent pièces de bétail est réputé fort à son aise, et très riche lorsqu'il en possède cinq cents; mais plusieurs Burates-Dauriens ont en propriété jusqu'à mille chameaux, quatre mille chevaux, deux à trois mille bêtes à cornes, huit mille moutons et quelques centaines de chèvres.

Tels devaient être, à l'exception des chevaux qui n'existaient pas encore en Palestine, tandis que les ânes y étaient communs, tels devaient être, dis-je, les troupeaux des premiers patriarches et autres chefs des

6

tribus antiques (*). Le tableau de leur
genre d'existence peut être retracé, en rappelant celui que Gmelin a fait des migrations
des Kalmouks.

« La grande quantité de bétail qu'ils pos-
» sèdent, dit-il, les oblige, ainsi que tous
» les peuples pasteurs, à changer, de temps
» en temps, les lieux de leur résidence. Ils
» se procurent, en même temps, pour leurs
» migrations, l'avantage de pouvoir passer
» leurs hivers dans des contrées méridiona-
» les, ou dans des lieux tempérés où il tombe
» peu de neige, et où leurs bestiaux trouvent
» plus de facilité à se nourrir, et sont à por-
» tée de jouir plus tôt du retour du prin-
» temps.

» Les Kalmouks du Volga, par exem-

***

(*) « Le seigneur bénit Job dans son dernier état
» encore plus que dans le premier, et il eut qua-
» torze mille brebis, six mille chameaux, mille
» paires de bœufs et mille ânesses. » (*Livre de
Job, chap. 42, verset 12.)

» ple, hivernent ordinairement dans les con-
» trées inférieures de ce fleuve, surtout dans
» les bas-fonds, et jusque vers la mer Cas-
» pienne. Dès l'approche du printemps, ils
» se portent vers le nord, le long du Don et
» de la Sarpa, passent l'été sur les terrains
» élevés du Don, l'automne dans les fonds
» des environs du Volga, et se rappro-
» chent, en octobre et novembre, de leurs
» pâturages d'hiver. Dans les changements
» de camp, tous leurs bagages sont portés
» par des taureaux ou des chameaux.

    » Il y en a qui sont ruinés lorsque leurs
» troupeaux de chevaux vont errer au loin
» et se perdent dans les steppes, à une dis-
» tance considérable; ce qui arrive surtout
» lorsqu'il a régné, pendant quelque temps,
» de grands vents accompagnés de tourbil-
» lons de neige qui ne permettent à personne
» de se hasarder dans les steppes et qui
» font disparaître la trace des chevaux;
» de sorte qu'il n'est plus possible de re-
» connaître de quel côté le troupeau s'est
» enfui. Il n'est pas douteux que c'est à de

» pareils accidents qu'est due l'origine de la
» majeure partie des troupes de chevaux
» sauvages qui errent dans les steppes. »

De même, l'Arabe du désert, nomade
par nécessité, porte sa tente sur les points
où quelques végétaux fournissent un aliment à ses troupeaux, aussi sobres que lui.

Dès les époques les plus reculées, les ha
bitants de ces contrées se sont divisés en
tribus, en familles indépendantes les unes
des autres, et qui n'étaient liées par aucun
pacte social. Leurs coutumes, leurs usages,
leurs mœurs ont traversé les siècles presque
sans subir de modification; ceux-là seuls
qui se sont trouvés transportés dans des
sols fertiles sont devenus cultivateurs et
ont adopté un genre de vie régulier et
sédentaire.

(B.)

DE L'USAGE DE HONGRER ET DE FERRER LES CHEVAUX; DE L'EMPLOI DES ANES ET DES MULETS.

Les Scythes, selon Strabon, avaient l'usage de couper ou hongrer les chevaux : celui de les ferrer paraît avoir été pratiqué anciennement dans le Nord; il y est fait allusion dans le poëme scandinave l'*Havemaal*, dont Mallet a donné un extrait. Aucun auteur grec, ni romain, n'a parlé clairement du ferrage; on a prétendu qu'il y était fait allusion dans Homère; mes recherches ne me l'ont pas fait reconnaître (*). La

(*) J'ai suivi, pour ces recherches, la traduction de l'Iliade par Bitaubé, qui, dans une note du chant II, conteste à Eustathe, et, d'après lui, à madame Dacier, l'exactitude de la traduction du passage qu'ils rendent par ces mots : *chevaux ferrés*. Bitaubé prétend que le texte grec signifie des ca-

strophe de l'Havemaal porte : « La paix
» entre les femmes malignes est comme si
» vous vouliez faire marcher sur la glace
» *un cheval qui ne serait pas ferré.* »

Plusieurs peuples de l'antiquité employaient l'âne à la culture des terres : de ce
nombre étaient les Grecs, les Hébreux et
les Chinois. Moïse défend d'atteler à la
même charrue un âne et un bœuf.

Aristote était d'opinion que l'âne ne
pouvait pas résister au climat trop froid de
la Gaule ; cependant Grégoire de Tours,
écrivain du vi^e siècle, dit qu'ils étaient en
usage à Rouen. Ce n'est que plus tard qu'ils
sont devenus, dans le Poitou surtout, l'objet d'une industrie agricole importante.

valiers, ou, plus littéralement, « *ceux qui montent*
» *les chars,* et qui, dans leur poursuite, frappent
» l'ennemi de l'airain de leur piques. » J'ignore
sur quel fondement Pitiscus avance que les fers
des chevaux, *en usage dès la guerre de Troie,* s'appelaient alors des *croissants,* par suite de leur
forme semblable à celle qu'ils ont aujourd'hui.

A l'égard des Mulets, « l'invention de
» telle estrange géniture, dit Olivier de
» Serres, est donnée à *Ana*, qu'il trouva
» en paissant les asnes de Sébéon, son père,
» en la montaigne de Seir, terre d'Edom.
» En Afrique, pays des monstres, les mules
» conçoivent et poulinent; toutefois, rare-
» ment, selon Dionysius, Mago et Varro,
» antiques aulteurs de rustication. »

Mais M. Huzard père fait observer, à
ce sujet, que les traducteurs de la Genèse
ont confondu les *Mulets avec les eaux*
minérales chaudes, dont le nom, en langue hébraïque, est le même (*). « Il est cer-

(*) Voici le verset 24 du chapitre 36 de la Genèse, tel qu'il a été traduit, d'après la Vulgate,
par Le Maistre de Sacy :

« Les fils de Sébéon furent Aïa et Ana; c'est cet
» Ana qui trouva des *eaux chaudes* dans la soli-
» tude, lorsqu'il conduisait les ânes de Sébéon, son
» père. »

La Vulgate a mis, dit M. Huzard, *aquas calidas*,
à la place de *mulos*.

» tain, en effet, qu'à l'époque où ce passage
» de l'Écriture sainte se rapporte, il n'y
» avait pas de chevaux dans la Palestine,
» non plus que dans les nombreux trou-

On pourrait objecter qu'à l'époque où l'on place
l'existence d'Ana (700 avant David), le cheval
devait être, en quelque sorte, inconnu, ainsi que
la jument, dans la contrée qu'il habitait, l'Idumée,
située entre l'Égypte et la Palestine, et qu'il est
peu vraisemblable qu'on y ait trouvé les premiers
mulets. Il se pourrait, cependant, que des chevaux
sauvages y fussent venus de l'Arabie supérieure.
Ce qu'il y a de certain, c'est qu'il n'est fait nulle
mention des chevaux dans la Genèse, non plus
que dans les livres suivants de la Bible, où tous les
animaux qui composaient les troupeaux des patriarches sont dénommés. Puis, on trouve, tout à
coup, dans le chapitre 4 du III⁰ livre des Rois, ce
verset dont je me garderai bien de contester l'exactitude : « Et Salomon avait quarante mille che-
» vaux, dans ses écuries, pour les chariots, et douze
» mille chevaux de selle. » Mais la merveilleuse
puissance du successeur de David s'étendait depuis
l'Euphrate jusqu'à la frontière d'Égypte, et alors
les chevaux pouvaient être déjà nombreux dans
l'Assyrie et la Babylonie.

» peaux des patriarches. Ils vinrent, plus
» tard, d'Égypte dans la terre promise.
» On ne lit nulle part que les Juifs se
» soient servis de mulets avant le temps de
» David, qui est venu 700 ans après *Ana*;
» et, d'ailleurs, la loi défendait aux Israé-
» lites de tenter aucun mélange d'espèces
» différentes.

» Homère, Théophraste, Strabon, disent
» que les *Hénètes* sont les inventeurs des
» mulets, ou, au moins, les premiers chez
» lesquels on en ait vu. Les Arabes regardent
» *Koran* ou *Coré* comme le premier qui ait
» fait saillir une jument par un âne, ou une
» ânesse par un cheval. Ainsi, il résulte de
» ces opinions diverses que l'origine des
» mulets est encore fort incertaine et
» qu'elle n'est vraisemblablement due qu'au
» hasard, comme beaucoup d'autres. »

Nous appelons *vétérinaires* les médecins
des animaux. Les anciens les appelèrent
d'abord *mulo - médecins*, médecins de
mulets, ou, d'après le grec, *hippiatres*,
médecins de chevaux; mais Végèce, dit

François de Neufchâteau, fit prévaloir le titre d'*art vétérinaire*, de l'épithète *veterinus*, propre au transport, donnée par les Latins aux chevaux et aux bœufs.

(*C.*)

DES BOEUFS, DE LEUR EMPLOI POUR LE LABOURAGE ET DE LA MANIÈRE DE LES ATTELER.

Il existe, en Barbarie, au rapport de Schaw, un grand nombre de bœufs sauvages appelés par les Arabes *bekker el wasch*. Ils ont le corps rond, la tête plus plate et les cornes plus rapprochées que ne le sont celles du bœuf domestique. Il y a grande apparence, ajoute-t-il, que c'est le buffle des anciens. Ne serait-ce pas l'*urus* dont parle Pline et qui existait alors dans les forêts des Gaules?

Les Germains avaient, suivant Tacite, des bêtes à cornes nombreuses, mais de chétive apparence. Elles n'avaient pas de

cornes. Cette race particulière existe encore
en Écosse. L'Angleterre nourrissait également de grands troupeaux. Cambden cite
un très ancien auteur qui s'écrie : « O Bre-
» tagne ! on voit dans tes champs une foule
» de vaches fécondes et de brebis chargées
» d'une riche toison. »

On ne mettait le plus souvent qu'un cou-
ple de bœufs à une charrue. Cependant
Pline parle de certains cantons de l'Italie où
l'on en attelait jusqu'à quatre paires (*).

Un seul homme était jugé suffisant pour
cultiver, au moyen d'un seul joug, quatre-

(*) Sur la route d'Issoudun à Bourges, vers Saint-
Florent, on attelle quatre à cinq paires de bœufs,
vaches ou veaux à une charrue : j'en ai compté
même *sept paires*. Trois ou quatre hommes, le laboureur compris, sont ainsi employés où un seul,
conduisant une ou deux paires, au plus, de forts
bœufs, suffirait. Avec ces quatorze animaux, de la
plus chétive espèce et dont la traction était faible
et saccadée, on n'obtenait qu'un très mauvais labour.

vingts à cent *jugera* dans le cours de l'année.

Outre qu'on accoutumait de bonne heure les jeunes taureaux au joug et aux colliers, on employait, avec constance, tous les expédients qui pouvaient contribuer à les rendre dociles et à les dresser promptement. Columelle entre, à cet égard, dans de grands détails ; il conseille aussi, de même que Varron et Palladius, d'avoir soin de bien appareiller les attelages.

J'ai déjà dit (4) que les Romains attelaient, assez généralement, les bœufs par le cou ou par les épaules ; en Grèce, on les attachait, de préférence, par les cornes.

Il était d'usage, en Italie, de ne pas laisser parcourir aux bœufs une étendue de plus de cent vingt pieds, sans les retourner pour donner un nouveau trait de charrue (*). On croyait nécessaire que les

_____

(*) Cette longueur de cent vingt pieds composait ce qu'on appelait un *actus*. C'était l'*actus mi-*

bœufs se reposassent un peu en tournant et que, pendant ce repos, le laboureur reportât le joug en avant, afin que leur cou pût se rafraîchir. Ces animaux étaient traités avec beaucoup de douceur, non seulement à la charrue, mais lorsqu'ils étaient en liberté.

Selon Caton, la nourriture annuelle, pour chaque paire de bœufs, outre celle qu'ils prenaient dans les pâturages, était de cent vingt *modii* (boisseaux) de lupins, ou deux cent quarante modii de glands; cinq cent quatre-vingts livres de foin, vingt modii de fèves, trente modii de vesces, ou l'équivalent. Il y a ici, sans doute, quelque erreur commise relativement à la provision

---

nor. L'*actus quadratus* avait cent vingt pieds en tout sens. Enfin un troisième *actus* avait deux cent quarante pieds de long sur cent vingt pieds de large, ce qui composait l'arpent, ou *jugerum*.

Actus, in quo boves agerentur, cum aratur, uno impetu justo. Hic erat centum viginti pedum ; duplicatusque in longitudinem , jugerum faciebat. (Pline

de foin, qui ne peut pas avoir été bornée à
cinq cent quatre-vingts livres, puisqu'il résulte de plusieurs passages de Caton et de
Columelle qu'on en donnait de quinze à
vingt-cinq livres par jour, pour chaque
bœuf.

La couleur rouge, ou brun obscur, était
celle que l'on préférait. Le poil devait être
court et épais; la peau douce au toucher;
le corps long et profond, ou compacte et
carré; le front large et velu; les oreilles
grandes et garnies de poils; les cornes
noires, fortes, relevées et courbées; les na-
seaux bien fendus; les lèvres noires; les
yeux noirs et grands; le cou charnu et
long, garni d'un ample fanon; le coffre et
les flancs larges; les épaules épaisses; le
dos droit et uni; les hanches rondes; les
jambes droites, courtes et musculeuses; le
pied grand, mais peu large.

(Voir, pour plus de détails, le chapitre 44 de l'Agriculture des Anciens, par
Dickson.)

(D.)

DES BÊTES A LAINE ET DE L'EMPLOI DE LEURS TOISONS.

Les Celtes entretenaient un assez grand nombre de bêtes à laine, pour livrer une partie de leur dépouille au commerce : ils en élevaient de deux espèces, l'une à laine grossière, dont ils fabriquaient des étoffes épaisses; l'autre, plus fine, qui leur servait pour les vêtements riches et légers.

La pratique de parquer les moutons n'était pas inconnue aux Romains. Caton conseille d'attirer les moutons sur les terres qu'on avait intention de semer, et de les nourrir avec des feuilles jusqu'à ce que l'herbe nouvelle puisse être pâturée. Plutarque nous apprend qu'on leur donnait du sel.

Les bergers, dit Varron, conduisent avec eux des claies ou des filets propres à dresser des parcs dans la campagne, pour les troupeaux qui paissent dans les bois, ou autres lieux écartés de la ferme.

Il y a, dit aussi Pline, des personnes qui croient que les terres les mieux fécondées sont celles où l'on fait parquer les troupeaux dans des enceintes de filet, en plein air.

Les migrations de bêtes à laine, si usitées de nos jours en Italie, en Espagne et dans le midi de la France, se pratiquaient dans quelques localités rapprochées des montagnes, où ces bêtes trouvaient, pour l'été, des pâturages frais.

Le tissage de la laine, dont l'invention fut attribuée, par les Grecs, à Arcas, fils de Jupiter et de Calisto, était connu des Celtes. — Il paraît que l'art de fabriquer et de fouler le drap était aussi très ancien dans les Gaules.

Le feutrage était également usité chez les anciens Celtes, ainsi que l'art de la teinture ; ils cultivaient la garance et le pastel ; enfin ils fabriquaient des savons, de même que les Gaulois, à qui Pline en attribue l'invention.

« Les vêtements de tous les ordres de
» l'État, de toutes les classes de la société,
» du prolétaire et du patricien, du soldat
» et du général, du laboureur et du consul,
» étaient de laine. La filer est un travail
» dont les vieilles femmes furent, surtout,
» chargées. Plus anciennement, les maî-
» tresses, de quelque rang qu'elles fussent,
» avaient partagé ce soin avec leurs es-
» claves.

» Tarente produisait des laines dont au-
» cune autre n'égalait la finesse et la célé-
» brité. Ces laines étaient si belles, qu'on
» couvrait de peaux les brebis pour leur
» conserver cet avantage. Le noir était
» leur couleur naturelle, mais on leur en
» donnait une autre par la teinture, même
» celle de pourpre et d'écarlate. La laine
» d'Apolie n'était pas moins distinguée que
» celle de Tarente. Les laines des envi-
» rons du Pô étaient les premières pour la
» blancheur.

» Les manufactures de draps étaient très
» nombreuses en Italie ; les hommes riches

7

» ou d'un rang élevé les portaient à longs
» poils. Pour peigner les draps on em-
» ployait des vergettes faites avec des pi-
» quants de hérisson. »

(Pastoret, *Recherches sur le commerce
et le luxe des Romains.*)

(E.)

DU COCHON CONSIDÉRÉ COMME VIANDE ALIMENTAIRE.

Les Grecs et les Romains regardaient le
Porc comme le premier animal qu'on eût
immolé aux dieux et la victime qui leur
était la plus agréable; ils l'offraient en sacrifice, principalement à Cérès, à la Terre,
et aux Lares, ou dieux domestiques.

La chair de porc tenait également le
premier rang dans les repas que la religion
d'Odin promettait à ses guerriers. Plusieurs
des codes anciens, dit L. Reynier, montrent
de la prédilection pour cet animal et pu-

nissent sévèrement les atteintes qui lui sont portées.

Les Celtes envoyaient des salaisons à Rome.

Au rapport d'Hérodote, les Scythes n'élevaient aucun porc; en effet, cet animal convient peu aux peuples nomades, qui cherchent plutôt les pâturages que les bois pour leurs bestiaux, et qui n'ont jamais assez de grains ou de racines alimentaires pour supplément de nourriture. Les peuples nomades qui errent au nord de la mer Noire n'en élèvent point, tandis que leurs voisins, les Abasses, peuple cultivateur, en entretiennent un grand nombre.

« Le cochon, dit Eckberg, fournit la » nourriture habituelle des Chinois. La » race qu'ils élèvent est féconde et vient » bien. » Cette race est devenue commune en France et en Angleterre.

(F.)

DES VIANDES DE BOUCHERIE ET DES MARCHÉS.

A Rome, un certain nombre de familles furent chargées d'entretenir la ville de viandes de boucherie. Il y en avait de préposées spécialement au débit du porc, dont il se faisait une grande consommation. Ces familles formaient une espèce de corporation qui avait ses biens, sa discipline, ses supérieurs. Ceux qui contractaient alliance avec elles y restaient nécessairement attachés.

Ses membres allaient faire leurs approvisionnements dans les provinces et veillaient à ce que les boucheries fussent suffisamment garnies.

Les Romains avaient des places publiques, destinées aux marchés de bestiaux, dans les lieux les plus spacieux de leurs villes, et presque toujours aux extrémités.

Les Hébreux tenaient ces marchés, ainsi que leurs assemblées publiques, aux portes des villes.

(G.)

DES MAISONS DE CAMPAGNE DES ROMAINS.

Dans les premiers siècles de la république, les *Villæ* des Romains (maisons des champs) étaient très simples, petites et convenables aux mœurs de ce peuple guerrier et à l'exiguité de ses fermes; mais, lorsque son empire se fut étendu et que de simples citoyens possédèrent de grands domaines, les *villæ* s'agrandirent et s'embellirent.

Elles se divisaient ordinairement en trois parties : l'*Urbana* ou *Prætorium*, la *Rustica* et la *Fructuaria*. La première contenait le logement du maître; la seconde, la cuisine, l'habitation des domestiques de culture, les étables, etc. On plaçait dans

la dernière les celliers, les greniers à blé
et à fourrage.

« Bâtissez, disait Caton, de manière que
» votre maison n'ait pas besoin d'une ferme,
» ni votre ferme d'une *villa*. »

Palladius veut qu'un édifice soit proportionné à la valeur de la ferme et à la fortune de son propriétaire, afin que si, par
malheur, il venait à être détruit, le produit
d'une ou de deux années, au plus, de la
ferme sur laquelle il était placé pût suffire
pour le reconstruire.

(*H.*)

DES PROCÉDÉS EMPLOYÉS POUR LA CONSER-VATION DES RÉCOLTES.

Les Romains conservaient, en partie,
leur blé dans de grandes Urnes ou Jarres(*).

(*) M. Tessier, à l'important article *Conserva-*
tion des grains, de l'Encyclopédie méthodique,

On faisait aussi usage, en Italie, de greniers souterrains (*horrea defossa*), dans

dit (j'ignore sur quel fondement) que ces jarres avaient jusqu'à *huit à neuf pieds de hauteur et dix à douze pieds de diamètre.* Je n'ose pas déterminer, comme il l'a fait, leur contenance, qui me paraît, au moins, susceptible d'être contestée.

N'y aurait-il pas ici confusion entre les *jarres* et les *chambres* ou *compartiments*, qui en tenaient souvent lieu et dont les parois pouvaient, en effet, avoir l'adhérence et l'imperméabilité des vases de terre, au moyen de l'emploi de l'*amurca* combiné avec la poussière de marbre ou le sable? — Il est difficile de comprendre comment on aurait pu réussir à mouler d'une seule pièce, et surtout à cuire, des vases de douze pieds de diamètre. — Quant à la hauteur de huit à neuf pieds, elle est plus facilement explicable, quoique Winkelmann n'estime pas au dessus de quatre à cinq palmes (trois pieds à trois pieds et demi) la plus grande élévation des vases antiques recueillis dans les cabinets des amateurs. On fabrique, de nos jours, en Crimée, des vases dans lesquels ceux qui sont chargés de les nettoyer peuvent se tenir debout et dont la hauteur n'est pas moindre de six à huit

lesquels le blé était entouré de planches. Il était défendu de bâtir aux environs, à moins

pieds ; mais ces vases sont formés de plusieurs pièces qui reçoivent séparément un premier degré de cuisson, pièces qu'on réunit, avant de donner le dernier feu, pour en souder toutes les parties. Peut-être les Romains employaient-ils le même procédé dans les cas mentionnés par M. Tessier.

On parvient à modeler, en France, dans l'ancien Limousin (à *Magnac* et à la *Souterraine*), de grands vases appelés *Ponnes*, employés habituellement pour faire les lessives. On leur donne trois et même jusqu'à quatre pieds de diamètre. Ces vases, de couleur presque noire, sont minces et fragiles ; mais on les conserve pendant long-temps intacts, en les enveloppant d'un revêtement de briques.

Je n'ai pas connaissance qu'il soit parvenu, en Europe, des vases chinois, en porcelaine, d'une plus grande dimension que les vases de terre du Limousin. Au reste, les savantes recherches de M. Alexandre Brongniart et la belle collection, rassemblée par ses soins, à Sèvres, dans le musée spécial de la fabrique royale de porcelaine, ne tarque ce ne fût à une distance de plus de cent pieds, et ordonné de démolir, de crainte d'incendie, les constructions qui pouvaient se trouver dans ce rayon.

Varron, Columelle, Pline, Hirtius nous apprennent que les Cappadociens, les Thraces, les Espagnols, les Africains enterraient leurs blés dans des fosses ou puits appelés *Syres*. La même chose se pratiquait chez les Phrygiens, les Scythes, les Hircaniens, les Perses, etc.

Ces greniers souterrains furent inconnus des Égyptiens, les inondations du Nil s'opposant à leur établissement. Cependant, dès les siècles les plus reculés, ils eurent leurs greniers publics. Ils furent adoptés assez tard en Grèce. On apprend, par ce que dit Hésiode, qu'on avait commencé à serrer les blés, avec l'épi, dans des vases de terre ou dans des corbeilles ; on prétendait qu'ils

deront pas à jeter une vive lumière sur cette question.

pouvaient se conserver ainsi pendant plus
de cinquante ans.

Lorsque les Romains destinaient des bâtiments, ou des parties de bâtiments, à la
garde et à la conservation des grains, on en-
duisait, pour les préserver des charançons,
des rats, etc., les murs d'un mortier composé
d'*amurca* mêlé de poussière de marbre,
ou, au moins, d'argile pétrie avec des balles
de blé. Ils aspergeaient aussi le froment avec
de l'*amurca*, qui, ainsi que je l'ai dit (21),
se composait de nitre et de lie d'huile d'o-
live, et dont ils faisaient un grand usage.

(*J.*)

DES FRAIS DE GESTION DES PROPRIÉTÉS
RURALES.

Columelle établit qu'une ferme de deux
cents *jugera* devait occuper deux laboureurs
et six bouviers, c'est à dire trois par laboureur. Il est présumable que ces ouvriers

étaient des esclaves appartenant au maître ainsi que le bétail, et que le *Politor* n'était tenu qu'à leur entretien. Les fermiers ou colons suivaient, pour la culture, la direction qui leur était donnée par le propriétaire. — Les enfants étant élevés dans la pratique de leurs pères, les mêmes procédés se perpétuaient avec facilité.

Il était accordé, par jour, à chaque ouvrier, trois ou quatre livres de douze onces (36 à 48 onces) de pain, selon que le travail à exécuter était plus ou moins dur; à ce pain on ajoutait une mesure de vin. Pendant les trois mois qui suivaient les vendanges, on leur distribuait un vin faible appelé *Lora*; c'était une espèce de *Piquette*, ou de demi-vin, comme on en fabrique de nos jours, en versant sur la grappe retirée du pressoir une certaine quantité d'eau après que le vin nouveau a été tiré. — Les distributions variaient selon les saisons et s'élevaient, par an, de 8 à 10 *quadrantales* (*).

(*) Le quadrantal, égal à sept setiers, était la

On ajoutait au pain et au vin un peu de bonne chère (*Pulmentarium*); par exemple, des olives, du poisson salé, etc., et, en outre, un *Sextarius* (*) d'huile par mois, et un *Modius* de sel par an.

Chaque individu recevait, tous les deux ans, une Tunique, une *Saie* (*sagum*) (**) et une bonne paire de chaussure.

Un esclave qui coûtait à son maître 1500 f. de prix originaire lui revenait à environ 180 francs par an, indépendamment de sa nourriture et de ses vêtements.

---

même mesure que l'*Amphore*, qui contenait quatre-vingts livres pesant. L'*Urne* (moitié de l'amphore) se divisait en quatre *coupes*.

(*) Le *Sextarius* (setier), mesure des choses liquides, contenait la sixième partie du Conge (*congius*), un peu plus de la chopine, ancienne mesure de Paris. L'*Hémine* était le demi-setier.

Le *Modius* (boisseau) formait la troisième partie de l'amphore ou quadrantal; il s'employait pour les choses sèches.

(**) La Saie (*sagum*) était, à proprement par-

(*L.*)

DU COMMERCE ET PARTICULIÈREMENT DU COMMERCE MARITIME DES ROMAINS ET DES GRECS.

« Le mépris des Romains pour le commerce, dit M. de Pastoret, était né avec leur patrie.

» Romulus avait pensé que la guerre et l'agriculture sont les seuls arts dignes des hommes libres. Servius, cherchant à unir

ler, l'habit militaire des Romains ; elle était le symbole de la guerre, comme la toge celui de la paix. Le *Sagum* n'avait point de manches ; c'était une espèce de manteau court, s'attachant avec une agrafe.

Les Gaulois avaient ~~aussi~~ leur saie garnie de manches et assez semblable à la tunique des Romains. Elle a été renouvelée dans les *Blouses*.

Les Germains et les Espagnols portaient aussi des saies.

La tunique, sans la toge, était l'habillement ordinaire des dernières classes de la population.

les peuples voisins par un lien commun,
voulut qu'on se réunît à Rome, chaque année, pour y tenir une foire, exercer le commerce et offrir ensemble des sacrifices.
Avant le règne de ce prince, *Ancus-Mar-
cius* avait fondé le port d'*Ostie.* »

Les plus gros bâtiments y étaient (selon
Lévesque) déchargés dans ce port, et les
marchandises transportées à Rome sur des
allèges; les bâtiments légers remontaient le
fleuve.

Le même Lévesque pense, ou que Rome
fut fondée et protégée par une nation res-
pectable, ou que, née faible au milieu des
nations encore faibles elles-mêmes, et par
conséquent dans une très haute antiquité,
elle s'agrandit comme ces nations avec le
temps, en s'adjoignant les peuplades
qu'elle subjuguait et qui ont perdu jusqu'à
leur nom.

La fondation du port d'Ostie, et le traité
conservé par Polybe entre les Romains et
les Carthaginois, lui ont fait soupçonner
qu'une des grandes causes de la richesse des

Romains sous leurs rois fut le commerce maritime sur les côtes de la Sicile et de l'Afrique, et qu'ils le partageaient avec les Étrusques.

Quoi qu'il en puisse être, ils connaissaient mal encore, au vi° siècle de la république, toutes les relations, toute l'importance du commerce maritime.

« Jamais ils ne s'emparaient des vaisseaux » des peuples nouvellement soumis ; ils les » livraient à leurs alliés, ou se contentaient » d'exiger qu'une partie fût livrée aux flam- » mes.— Scipion fit brûler, en présence des » Carthaginois, cinq cents *Trirèmes*(*), dont » il venait de les dépouiller.

(*) Les Trirèmes étaient des galères à cinq rangs de rames qui servaient principalement pour la guerre.

Les anciens faisaient usage d'un grand nombre de petits navires qu'ils distinguaient par une dé-nomination qui rappelait leur destination habi-tuelle. Ceux qui étaient employés au transport des grains s'appelaient *Naves annotinæ*, navires de l'*Annone*. Quoique la plupart de ces navires por-

» Devenus maîtres de la Sicile, ils com-
» mencèrent à mieux apprécier les avan-
» tages du commerce, et lorsqu'ils se virent
» obligés d'aller chercher, au dehors, le blé
» qui devait assurer leur nourriture, ils eu-
» rent alors des citoyens chargés spéciale-
» ment de cette entreprise (*Frumentarii*),
» sous la surveillance d'un magistrat qui
» avait l'inspection générale des vivres et
» des consommations, le Préfet de l'*An-*
» *none.*

» César se déclara l'appui des marchands

tassent des voiles, comme l'usage de la boussole
était inconnu, la navigation se dirigeait plus spécialement par le secours des rames. — La flotte
qui venait d'Alexandrie (*Classis Alexandrina*), et
dont la destination était d'apporter les blés de
l'Égypte, se composait, en grande partie, de l'espèce de navires appelés *Naves annotinæ*; elle jouissait du privilége d'entrer dans le port avec un pa-
villon nommé *Supparum.* On avait soin de faire
annoncer son arrivée, toujours impatiemment at-
tendue, par des vaisseaux qui la précédaient (*Naves
tabellariæ*).

» utiles, tandis qu'il mettait à contribution
» ceux qui n'avaient pas ce caractère; ainsi,
» il établit deux Édiles pour l'approvision-
» nement des blés, et des magistrats nommés
» *Episcopi* furent chargés de veiller sur le
» pain et sur les comestibles. » (Pastoret.)

Les lois d'Athènes tendaient à attirer,
des pays étrangers dans la république, une
quantité suffisante de grains, à les ménager
avec économie lorsqu'ils étaient arrivés, et
à ce qu'il ne se commit aucun abus de nature à en augmenter le prix.

Le commerce des grains, au port du
Pirée, était exempt de tout péage, de tout
impôt et de toutes charge et redevance publics.

Il était permis à tous les habitants d'A-
thènes, citoyens ou étrangers, de fréter tel
nombre de vaisseaux que bon leur semblait
pour le commerce des grains, pourvu que
le tout fût amené au port de Pirée, pour
les provisions de la ville; il leur était défendu d'en conduire ailleurs, sous peine de
confiscation du vaisseau et de la marchan-

8

dise; mais chacun était libre de faire le même commerce pour le lieu de sa résidence, sous la condition de faire sa déclaration devant les magistrats et d'en retirer acte.

Lorsque ces grains étaient arrivés dans les marchés publics, chaque citoyen pouvait en acheter la quantité nécessaire à sa subsistance et à celle de sa famille pendant le cours d'une année. Ce qui se trouvait chez lui au delà de cette provision était confisqué.

Quand les approvisionnements particuliers étaient assurés, les magistrats payaient des deniers publics ce qui restait et le conservaient dans les magasins pour être distribué, à juste prix, au peuple, dans les temps de disette, ou lorsque les marchands voulaient vendre trop cher.

(M.)

DE LA CONDITION DES COLONS ET DE CELLE DES ESCLAVES CHEZ LES GRECS.

J'ajouterai, à ce que j'ai dit sur la condition des esclaves et des colons chez les Romains, quelques explications puisées dans L. Reynier et qui feront connaître, à cet égard, les usages des Grecs:

« Les Athéniens pouvaient donner la liberté à leurs esclaves, soit pendant leur vie, soit par disposition testamentaire ; mais les individus libérés de leurs fers n'obtenaient que la condition des domiciliés. Pour acquérir le rang de citoyens, ils étaient astreints aux mêmes formalités que ceux-ci. Une des tribus devait consentir à les adopter, et il fallait que son choix fût confirmé par une assemblée générale d'au moins six mille citoyens et motivé sur des services importants rendus à la patrie. Cette faculté même n'était applicable qu'aux esclaves nés libres et tombés, par évènement, dans l'esclavage ; l'esclave-né en restait exclu.

» L'homme attaché à la glèbe cultivait héréditairement les champs qui l'avaient vu naître, et, sans en être propriétaire, il ne pouvait pas en être séparé...

» A Lacédémone, la classe essentielle-

ment laborieuse était celle des hilotes et des
Messéniens ; ils étaient dans un état de servage réel, mais bien distinct de l'esclavage.
Attachés à la glèbe, ils cultivaient la terre
pour le compte de leurs maîtres ; sous ce
rapport, leur condition était supportable.

» Suivant Pausanias et Myron, ils étaient
tenus de porter à Sparte la moitié de toutes
leurs récoltes. On ne sait pas, d'ailleurs,
s'ils transmettaient héréditairement à leurs
enfants les droits, dont ils avaient joui, à
la culture d'un terrain déterminé, ce qui
aurait formé un genre de propriété subor-
donnée, analogue à la condition des *Fellahs*
d'Égypte. »

Les anciens qui ont écrit sur la république de Lacédémone ont gardé, à l'imitation
des Spartiates, un silence absolu sur les
pratiques économiques qui y avaient prévalu.

NOTICE CHRONOLOGIQUE.

Ayant cité souvent la Bible et les
poëmes d'Homère, je donnerai ici, pour
mieux faire apprécier le degré d'antiquité
des découvertes qui intéressent l'agriculture, une courte notice chronologique. Elle
facilitera un rapprochement nécessaire entre les époques qui appartiennent à l'histoire sacrée et celles qui concernent spécialement l'histoire profane.

Je remonte, pour l'histoire sacrée, au
temps de la naissance d'Abraham, en suivant, d'après le président Hénault, le texte
Samaritain jusqu'à la naissance du prophète
Samuel. Postérieurement à cette époque,
les dates de l'histoire sacrée et de l'histoire
profane sont rattachées au même calcul. Je
me suis borné, d'ailleurs, à relater un très

petit nombre d'époques depuis l'établissement de la république romaine, parce qu'il
devient plus facile, alors, de suivre et de
classer les événements historiques et les
progrès de l'agriculture.

Histoire sacrée avant Jésus-Christ. Texte samaritain.	Histoire profane avant Jésus-Christ.
2101.	2207.
Naissance d'Abraham.	Première dynastie des empereurs de la Chine.
	2174.
	Règne de Ninus, roi d'Assyrie.
	2040.
	Moris, roi de Thèbes et de Memphis
1820.	
Pharaon confie à Joseph le gouvernement de l'Égypte	
1811.	
Jacob envoie ses enfants en Égypte.	

1843 à 1654.
Temps où vivait Job.

1676.
Naissance de Moïse.

1596.
Passage de la mer
Rouge.

1722.
Règne de Sésostris.

1591.
Cécrops passe d'Égypte
en Grèce.

1209.
Prise de Troie.

1139.
Naissance du prophète
Samuel.

1122.
Commencement de la
dynastie des Tcheou
en Chine.

Années avant J.-C.

1059. Règne de David.

1019. Règne de Salomon.

980. Mort de Salomon.

925. Naissance de Lycurgue.

907. Époque où vivait Homère.

785. Règne de Sardanapale en Assyrie.

776. Première olympiade.

753. Fondation de Rome.

747. Commencement de l'ère de Nabonassar.

606. Règne de Nabuchodonosor.

594. Solon est fait archonte d'Athènes.

576. Cyrus fonde l'empire des Perses.

551. Naissance de Confucius.

534. Règne de Tarquin le Superbe.

509. Fondation de la République Romaine.

336. Règne d'Alexandre le Grand.

264. Première guerre punique.

 31. Bataille d'Actium et commencement
      du règne d'Auguste.

NOTES

RELATIVES A LA PREMIÈRE ÉPOQUE.

1)

(Époque où l'on peut commencer à accorder quelque confiance à leurs historiens..... Page 11.)

« L'histoire de la Chine remonte, par la chrono-
» logie la plus sûre, jusqu'à une éclipse observée
» 2155 ans avant notre ère vulgaire, et vérifiée par
» les mathématiciens missionnaires qui, envoyés
» dans les derniers siècles, chez cette nation incon-
» nue, l'ont admirée et l'ont instruite.
» Les Chinois ont joint l'histoire du ciel à celle
» de la terre, et ont ainsi justifié l'une par l'autre.

VOLTAIRE.

L'éclipse mentionnée par **Voltaire** est postérieure de moins d'un siècle et demi à la grande inondation causée par l'obstruction subite des fleuves de la Chine. Celle-ci commença l'an 2278, et finit l'an 2277 avant notre ère, antérieurement à celle qui eut lieu sous Ogygès, roi de l'Attique, et à celle de Deucalion.

Ces deux inondations avaient été précédées également par la grande alluvion appelée le Typhon que l'on suppose avoir exercé ses ravages 2293 ans avant J.-C., mais qui est peut-être contemporaine de celle dont les Chinois ont conservé le souvenir.

Selon le texte samaritain, le déluge remonte avant J.-C., à 3044 ans; selon les Indous, à 3102 ans; le commencement très incertain de l'empire chinois, à 3182 ans.

Le terme moyen de ces trois indications, susceptible de controverse, placerait le déluge l'an 3076 avant notre ère (*), époque de laquelle dateraient

---

(*) L'année 1837 sera la 6550ᵉ de la période julienne, ce qui porte à 4713 les années écoulées avant J.-C., et à 2584 leur nombre depuis l'ère de Nabonassar, qui coïncide (à six années près ~~exactes~~) avec l'époque contestable de la fondation de Rome. Ce calcul fournirait un intervalle de 4913 ans depuis le déluge, évaluation qui revient exactement au

les premières notions traditionnelles sur les plus anciennes populations.

Les premières traces de renseignements historiques recueillis par écrit, en Égypte, remontent aussi à une haute antiquité. Champollion le jeune a découvert plusieurs papyrus égyptiens datés et écrits 1872 et 1571 ans avant J.-C.

Il résulte d'un mémoire lu par M. Dureau de la Malle, à l'Académie des sciences, que l'usage de l'écriture et du papier, employé en Égypte, dès l'époque que je viens de rappeler, a passé chez les Grecs au x⁰ ou ix⁰ siècle avant J.-C. (temps où vivait Homère), et que les hommes instruits se sont servis, dès cette époque, de ce moyen pour transmettre leurs pensées; enfin, que les fragments conservés chez les auteurs grecs, des anciennes histoires de la Chaldée, de la Perse et de l'Inde, sont extraits de livres écrits et non uniquement de traductions orales.

---

terme moyen de 3076 ans avant notre ère, spécifié dans la note ci-dessus.

Selon de Laplace (*Système du monde*), les astronomes ne croient pouvoir faire reposer des calculs ayant quelque précision que depuis les observations faites, à Babylone, sur trois éclipses de lune, dans les années 719 et 720 avant l'ère chrétienne, sous le règne de ce même Nabonassar.

(2)

Les terres qu'on voulait couvrir du fertile limon que les eaux déposent... Page 13.

« Les terres d'alluvion ont une fertilité inépuisable : on voit une même quantité de semence offrir, chaque année, un même produit des récoltes. »

GIRARD, *Description de l'Égypte.*

Pline, Columelle et plusieurs autres anciens écrivains ont prétendu que le blé, en Égypte, dans une partie de la Sicile, dans la Bétique, la Campanie, etc., rendait cent pour un et même au delà; mais Cicéron qui avait été préteur en Sicile, et par conséquent à même d'être bien informé, ne portait qu'à dix pour un le *produit net* du froment dans le territoire des Léontins, un des plus fertiles de cette île. (Voy. Goguet.)

D'après Niebuhr et Forskal, on regarde, en Égypte, comme fort belle, une récolte de quinze pour un. Dans les champs voisins de l'Euphrate et du Tigre, elle s'élève à vingt pour un. Ce froment, arrosé par artifice, ne vaut pas celui qui est arrosé par la pluie, et une récolte de vingt pour un à Bagdad ne représente qu'une récolte de quinze pour un à Erbil. Un semblable produit s'obtient, en France et en Angleterre, dans les terres fertiles bien amendées et bien cultivées; mais rarement on récolte au delà.

Il y a donc lieu de mettre en doute ce qu'on a rapporté du produit *ordinaire* de la culture du froment dans les temps anciens. Probablement, on aura souvent confondu ce grain avec le DURRA ou DOURO (*holcus sorgho*), espèce de grand millet cultivé encore en Arabie. Ainsi, lorsqu'Isaac moissonnait au centuple, on peut croire qu'il avait semé du *Durra* et non du froment.

Un grain de cette précieuse céréale, planté isolément en terrain fertile, peut, sans contredit, en produire plusieurs centaines et même plus de mille; mais il faut toujours distinguer les résultats de quelques expériences partielles, de ceux qu'on obtient lorsqu'on opère en grand, d'après des procédés économiques et expéditifs. Avant que le produit du grain qui fournit le plus de tiges et les plus beaux épis soit parvenu à maturité, que d'épreuves n'a-t-il pas à subir! Une partie seulement échappe aux intempéries des saisons, aux insectes, aux maladies, ou à la voracité des oiseaux; vient

ensuite le déchet qu'entraîne la récolte. D'ailleurs,
tous les grains semés ne lèvent pas (*).

Il en est de la prétendue fécondité générale de la
terre, dans les temps anciens, comme de la longé-
vité des hommes. L'ordre admirable que nous
voyons établi, dans la nature, par le souverain
Créateur, pour la durée des plantes et des arbres,
selon leur espèce, ainsi que pour celle de la vie des
animaux et de tous les êtres organisés, est également applicable à l'homme dont la puissance de
vitalité est, à peu près, égale à quatre ou cinq fois le
temps consacré à sa croissance et au développement
de ses facultés. La durée de son existence n'a pu
subir d'autres modifications sensibles que celles qui

(*) Ayant semé, en 1820, dans un coin de mon potager,
soixante grains d'une variété de froment de mars dont je
désirais faire l'essai, *trente-deux grains* seulement levèrent;
quelques uns des grains levés fournirent jusqu'à quatre-
vingt-dix tiges et plusieurs de ces tiges cent grains par épi;
les moineaux ravagèrent cette petite plantation dès que le
grain fut formé. Pour en sauver une partie, je fus forcé de
couper les tiges à mesure qu'elles commençaient à jaunir.
Le produit de ma récolte, semé, l'année suivante, dans un
champ de blé de mars que je cultivais déjà, ne se fit pas remarquer par plus de fécondité que ce dernier.

résultent de la fécondité naturelle ou artificielle de la terre, de la qualité des aliments dont il fait usage, de la salubrité et de la température du climat. De nos jours, il y a encore de rares exceptions à la règle générale. Si on a cru qu'elle avait changé, c'est qu'on n'a pas assez fait attention aux différences qui se sont succédé dans la manière de calculer la durée du temps, et aux divergences, ainsi qu'à l'incertitude, des traditions recueillies et expliquées selon les croyances religieuses.

(3)

(Engagèrent à faire de ceux-ci (des animaux) un objet d'adoration..... Page 20.)

Pythagore, Empédocle et leurs disciples prétendaient qu'il n'était pas permis aux hommes de tuer les animaux, non seulement pour les faire servir à leur nourriture, mais encore pour les offrir aux dieux. L'opinion qu'ils se formaient de la métempsychose, ou transmigration des âmes, était le fondement de cette doctrine.

Selon Xénophon, on ne mangeait pas encore en Grèce la viande des animaux au temps de Tripto-

lème. On a commencé à les tuer par principe de
religion et pour offrir aux dieux des victimes qu'on
supposait devoir leur être agréables, comme on
leur a, quelquefois, sacrifié des victimes humaines.

Les anciens Romains nommaient le bœuf le
compagnon des travaux de l'homme, *humano ge-
neri laborum socius.*

Les Chinois, qui n'emploient pour la culture des
terres que le bœuf ou le buffle, font peu de cas de
la chair de ces animaux.

(⅘)

(Cet instrument (*l'araire des premiers
âges*) soulève la terre plutôt qu'il ne la retourne..... Page 23.

Le général anglais Beatson a vu un Indien, re-
venant de son travail, assis sur un petit taureau,
trotter gaiment vers sa demeure, portant, dans
chaque main, une charrue reposant sur ses
cuisses.

La destination de ces charrues, ainsi que de

celles dont les Chinois font usage, est de briser et
d'émietter la terre et non de la renverser. Elles
agissent, à peu près, comme le scarificateur, ou la
herse de fer.

Ce n'est pas, d'ailleurs, par une seule opération
que les charrues indiennes et chinoises opèrent les
étonnants effets qui ont fixé l'attention des voyageurs. Tout le secret consiste en de petites opérations souvent répétées, et qui, avec le temps, sur-
montent les plus grandes difficultés.

Ainsi, selon le docteur Buchanan, pour semer le
riz en terrain sec, on donne cinq labours ; après le
cinquième, le champ est fumé, puis labouré encore deux fois.

Pour le riz appelé *navaro*, la terre est labourée
dix fois.

Les Chinois distinguent plusieurs variétés de
riz et règlent les procédés de culture d'après leurs
différentes qualités. L'empereur Kien-Long cite,
dans son éloge de la ville de Moukden, le riz sec,
le riz glutineux, le riz blanc et le riz rouge, le riz
au petit grain et le riz au gros grain et bien rempli, comme fournissant une nourriture non moins
abondante que le froment.

La charrue indienne, dont la légèreté frappa le
général Beatson, rappelle celles qui étaient en
usage dans l'origine de l'agriculture et dont le type
s'est, en quelque sorte, conservé dans plusieurs

9

départements du midi et du centre de la France. Celles que les Grecs employaient n'étaient pas moins légères. Ils en distinguaient de deux sortes : l'une simple, l'autre composée. La charrue simple était faite d'une seule pièce de bois recourbée. L'extrémité qui pénétrait dans la terre formait le *sep* ; l'autre se relevait en forme de crochet auquel on attelait un bœuf ou un âne. Les Égyptiens révéraient ce dernier animal, parce que, dit Plutarque, jadis, en une grande sécheresse, il leur montra l'endroit où il y avait une fontaine.

La flèche et les manches ajoutés à la charrue, ou plutôt à l'araire simple, constituaient la charrue composée en usage en Grèce. Hésiode conseille à son frère Persès, à qui il adresse ses instructions, d'avoir les deux espèces de charrues et d'employer le laurier, ou l'orme pour le timon, et le chêne vert pour le manche.

Les anciens araires n'en avaient généralement qu'un qui servait au laboureur à imprimer, d'une main, au soc, la direction nécessaire, tandis que, de l'autre main, il tenait, soit un maillet ou une espèce de hache qui lui servait à briser les mottes, soit un *Curoir* pour remplir le même but et détacher la terre qui s'attachait au soc.

Strutt, dans son Angleterre ancienne, donne la figure d'une charrue simple anglo-normande. Elle est sans roue et à un seul manche tenu par le laboureur portant de la main gauche une hache qui remplace le *Curoir*, appelé en anglais *Plough-staff*.

M. le comte de Lasteyrie a reproduit la figure de plusieurs charrues anciennes dans l'intéressante *Collection de machines, etc., employées dans l'économie rurale, domestique et industrielle, publiée par lui en* 1820. Dix planches y sont consacrées à la reproduction des premiers instruments de culture et d'économie domestique des anciens. J'invite ceux qui désirent bien connaître les premiers procédés de culture à consulter la savante et curieuse dissertation jointe à ces planches, ainsi que celles qui y font suite et qui sont relatives au battage des grains et à la fabrication du vin.

Les Romains attelaient, le plus habituellement, les bœufs par le cou, ou par les épaules. Columelle prétend que ces animaux ont plus de force de traction lorsqu'ils sont ainsi attelés que lorsqu'ils sont attachés par les cornes, parce qu'ils agissent avec toute la masse de leur corps et leur poids entier. En Grèce et dans les Alpes, on les attachait par les cornes. L'aiguillon n'était pas le seul stimulant employé pour hâter leur pas ; on se servait aussi de fouet.

(5)

(La forme que les modernes ont adoptée
pour la leur (*la Bêche*)..... Page 28.)

Le Pic, la Houe, le Hoyau, les Crochets sont les
mêmes instruments modifiés, comme la Pelle, le
Lichet, la Bêche et le Hochepied.

La Houe fourchue et le Hoyau (*Ligo*) portaient
aussi chez les Romains le nom de *Mara*, conservé
par nous sous le nom de *Marc*. (MONGEZ, *Mémoire sur les instruments d'agriculture des anciens.*)

La Faux était employée par les Égyptiens et par
les Africains pour couper leurs blés.

Au rapport de Palladius, les Gaulois qui habitaient les plaines se servaient d'un procédé plus expéditif; ils faisaient la moisson avec un seul bœuf
attelé à une voiture qu'ils poussaient devant eux au
lieu de la traîner. Cette espèce de tombereau, dont
on a voulu, il y a quelques années, reproduire l'u-

sage, était porté sur deux petites roues (*). Les bords formés de planches s'inclinaient en dehors pour agrandir l'espace vers le haut. Sur le devant, des planches moins élevées étaient garnies de petites dents peu espacées et recourbées. On attachait le bœuf par derrière, la tète tournée du côté de la voiture, qui se terminait par des brancards très recourbés, semblables à ceux des litières. Le conducteur poussait le bœuf en avant. Les épis, saisis par les dents formant râteau, tombaient dans la voiture. Ce procédé s'employait lorsqu'on croyait n'avoir pas besoin de la paille du blé qui se brûlait et dont la cendre, répandue sur le sol, servait d'engrais.

(6)

(Les procédés de culture y restèrent (en Amérique) presque semblables à ceux de l'enfance du monde..... Page 28.)

J'ai pris, pour principal guide de ce que je

(*) **M.** le comte de Lasteyrie a entrepris de figurer ce chariot dans l'ouvrage déjà cité.

dis ici sur les anciens habitants de l'Amérique,
l'Histoire du Pérou, par l'Inca Garcilasso de la
Vega (*).

Quelques extraits des chapitres qui traitent de
l'agriculture et des arts des Péruviens justifieront
le texte de mon discours :

Les Indiens avaient plusieurs mines de fer
qu'ils appelaient *Quillay* ; mais ils ne savaient pas
les utiliser, puisqu'au lieu d'en former des outils
pour leur travail ordinaire, ils faisaient ceux-ci de
certaines pierres fort dures, jaunâtres ou vertes,
qu'ils polissaient à force de les frotter ensemble et
qu'ils estimaient beaucoup à cause de leur rareté.
Ils ne savaient pas, non plus, faire des marteaux
ni les emmancher ; ils se servaient, à leur place,
de certains outils composés d'un alliage de cuivre
et de laiton... Ils n'avaient ni limes, ni burins, ni
même de soufflets propres à la forge. Quand ils
voulaient fondre quelque métal, ils n'en venaient
à bout que par le moyen de leur souffle, qu'ils

_____

(*) J'ai cru rester dans mon sujet, en retraçant les
usages qui existaient en Amérique lors de sa découverte
par les Espagnols. La civilisation, la culture et les arts
peu avancés de cette contrée peuvent servir à représenter
ce que les uns et les autres devaient être, il y a quelque
mille ans, dans les parties de notre globe les plus anciennement connues et habitées.

poussaient à travers des tuyaux de cuivre plus ou moins longs, selon que la coulée de fonte était grande ou petite. Ces tuyaux se rétrécissaient vers l'une des extrémités, où il n'y avait qu'un petit trou, afin que le souffle sortît avec plus de violence...; n'ayant ni pincettes, ni tenailles pour retirer le métal du feu, ils employaient, à cet effet, un bâton ou une verge de cuivre; amenant ainsi le métal sur un monceau de terre humectée, ils le retournaient alors de tout côté, jusqu'à ce qu'il devînt froid et maniable.

Les charpentiers du Pérou n'avaient à leur usage que la hache et la doloire, qui étaient de cuivre; ils ne connaissaient ni la scie, ni le ciseau. Après avoir coupé le bois, ils le blanchissaient, à force de le ratisser, avant de l'employer aux bâtiments. La charpente se liait avec des attaches faites de jonc.

Les maçons taillaient les pierres au moyen de certains cailloux noirs appelés *hihuana*, avec lesquels ils brisaient ces pierres plutôt qu'ils ne les taillaient; le transport s'exécutait à force de bras.

Les aiguilles se remplaçaient par des épines fort longues qui croissent dans le pays; ces mêmes épines servaient aux Péruviens à faire des peignes pour arranger leurs cheveux... Les dames du sang

royal faisaient usage de miroirs d'argent poli; celles
d'un rang inférieur en avaient de laiton ou de
cuivre.

. . . . . Les ingénieurs ouvraient des canaux
partout où l'on pouvait défricher des terres. Leur
situation sour la zone torride fait qu'elles ont un
extrême besoin d'être humectées : aussi les Péruviens ne semaient jamais le maïs sans les arroser ;
ils en agissaient de même à l'égard de leurs pâturages... On voit encore aujourd'hui des vestiges de
ces canaux qui furent presque entièrement détruits
à l'arrivée des Espagnols.

Après avoir creusé des canaux, ils aplanissaient
les champs, afin que ceux-ci fussent mieux arrosés.
Pour niveler la superficie des tertres dont le ter-
roir était bon, ils construisaient des plates-formes
en élevant et disposant les terres par étage au
moyen de murs..... Les Incas prenaient tant de
soin d'augmenter le nombre des terres labourables,
qu'en divers endroits ils faisaient venir un
canal de quinze ou vingt lieues, pour l'irrigation
de fort petits champs.

. . . . . Il ne se passait pas d'année qu'on ne
semât les terres propres à porter le maïs : elles

étaient arrosées et fumées avec tant de soin,
qu'elles produisaient toujours.

. . . . Il y avait, dans chaque ville, des hommes chargés expressément de faire valoir la terre
des pauvres, des orphelins et des veuves. Ils la labouraient, la semaient et en faisaient la récolte ;
mais, avant de procéder au labourage, les préposés
à la direction de ces travaux montaient, à nuit
close, sur des tours destinées à cet usage, et, après
avoir sonné la trompette, ils faisaient à haute voix
cette annonce : *On commence demain à labourer les
terres des impotents ; c'est pourquoi les personnes
qui y ont quelque intérêt en sont averties, afin qu'elles
aient à s'y trouver...* Si les pauvres et les orphelins
n'avaient ni maïs ni autre graine à semer, on
leur en fournissait des magasins publics.....
. . . . . Le soc des charrues consistait en un
morceau de bois de la longueur du bras, plat par
devant et rond par derrière, ayant quatre doigts de
large et une assez bonne pointe pour entrer bien
avant dans la terre. Ce soc s'étançonnait vers le milieu avec deux pieux, et mettant le pied sur le soc, à
force de le presser, le laboureur l'enfonçait jusqu'à
l'étançon. Les femmes aidaient presque toujours les
hommes dans ce travail, qui se faisait par troupes ;
elles chantaient avec eux et tâchaient de s'accorder

ensemble quand il fallait répéter le mot *haylli*, refrain de leurs couplets à la louange du soleil et de leurs rois, et qui signifie *triomphe* dans la langue générale du Pérou.

. . . . Les terres étaient fumées pour les rendre plus fertiles, et dans tout le pays de Cusco (capitale du Pérou) de même que dans la plupart des lieux de montagne, on employait, à cet usage, des excréments humains, qui se ramassaient avec grand soin, pour les faire sécher et les réduire en poudre... On semait des *Papas* (*) et d'autres légumes dans tout le pays de *Callao*, où il ne croît point de maïs à cause de la froideur du climat.

Sur la côte de la mer depuis *Arequepa* jusqu'à *Taracapa*, distance de plus de deux cents lieues, les Péruviens n'employaient d'autre fiente que celle des oiseaux, qui se tiennent en nombre infini dans les îles désertes de la côte, dont ils blanchissent tellement le sol, par leurs excréments, qu'on le croirait de loin couvert de neige.

(*) *Le Papas* est le fruit du *papayer*, qui appartient à la famille des *Cucurbitacées*; le fruit est bon à manger, confit dans le vinaigre ou au sucre; il a la forme d'un petit melon. On peut faire des cordages avec l'écorce du papayer.

Les rois Incas avaient défendu, sous peine de mort, de tuer ces oiseaux dans les îles, ou au dehors......
L'Inca désignait les provinces qui pouvaient disposer de la fiente d'oiseaux dont ces îles étaient couvertes.... Dans les contrées d'*Atica*, d'*Atilipa*, de *Villacorè*, de *Malla* et de *Chillea*, on engraissait la terre avec des têtes de sardines.
. . . . . S'il s'agissait d'arroser les terres où il y avait peu d'eau, chacun en recevait la quantité qui lui était nécessaire.

. . . . Lorsqu'on voulait moudre le maïs (*la Cara*), les femmes le mettaient sur une certaine pierre fort large; des hommes le broyaient avec une autre pierre en forme de demi-lune qui était au dessus de celle-là et qu'ils tenaient par les deux coins. On broyait les autres grains de la même manière. Ils se servaient de cette pierre comme d'un battoir de lessive ; elle écrasait le grain par sa pesanteur... ; ils composaient avec la farine du maïs, mais rarement, une espèce de bouillie qu'on appelait *api*. Lorsqu'on voulait séparer la farine d'avec le son, on l'étendait sur une pièce de coton : en remuant cette farine, la plus déliée s'attachait au coton, d'où le son s'écartait.
. . . . Les Indiens préparent encore leur bois-

son ordinaire en détrempant la farine de maïs dans de l'eau simple; on obtient, de cette boisson aigrie, d'excellent vinaigre.

Ils font, après le maïs, particulièrement cas de la *Quinna* ou *Quinoa* (*), avec laquelle ils préparent aussi une boisson fermentée.

(7)

(Lorsqu'on eut remarqué qu'une substance acide faisait gonfler la pâte... Page 34.)

Les Hébreux qui, des premiers, connurent l'usage de cet acide ou levain, l'appelaient *soer*.

(*) C'est la plante alimentaire par ses feuilles, ainsi que par ses graines aussi fines que celles du millet, dont la culture, essayée avec succès par M. Vilmorin, pourra, dans les terrains chauds et trop secs pour le riz, tenir lieu de cette plante. — Garcilasso de la Vega nous apprend qu'il avait tenté vainement de faire lever, en Espagne, les graines de *Quinoa*, tirées par lui du Pérou. Elles ont mieux réussi, postérieurement, dans les serres des jardins botaniques. — La *Quinoa* appartient à l'espèce appelée ANSÉRINE (en latin *Chenopodium*), dont les *Phytolacas* (qui comprennent le raisin d'Amérique), l'Épinard, l'Arroche et la Bette font partie; les tiges de beaucoup de plantes de cette famille fournissent, par l'incinération, une assez grande quantité de potasse.

Le pain dans lequel il entrait se nommait *zymi*, en grec ; *azimi* était le nom de celui qui n'était pas levé.

Pline parle du pain qui se faisait dans la Gaule et en Espagne par l'emploi de la levûre de bière, procédé qui le rendait plus léger que lorsqu'on se servait du levain ordinaire.

On ne peut assigner l'époque à laquelle on a commencé à mettre du sel dans le pain. — Plutarque se borne à dire : « Le pain est plus agréable au goût » quand on y met du sel. » — Dans le *Lévitique*, il est recommandé d'offrir le sel dans toutes les oblations, mais rien n'indique qu'on en mêlât dans le pain en le préparant (*).

(*) Les Égyptiens ont fait servir dans une haute antiquité le sel à la conservation des viandes et du poisson. Diodore dit que, dès le temps de Mœris, il y avait un nombre infini d'ouvriers dont l'unique occupation était de saler le poisson qu'on pêchait dans le lac creusé par les ordres de ce prince, non loin du désert de la Libye, lac aujourd'hui desséché et comblé, mais qui a conservé le nom de son créateur.

Le sel était employé dans toutes les offrandes faites par les Hébreux au Seigneur. —Le treizième verset du deuxième

On ignore donc si son emploi a précédé celui du levain, qui est fort ancien, puisque Moïse, en prescrivant aux Hébreux la manière dont ils devaient manger l'agneau pascal, leur défend l'usage du pain levé. Ailleurs, il remarque que les Israélites, quittant l'Égypte, mangèrent du pain sans levain, les Égyptiens ne leur ayant pas laissé le temps de mettre le levain dans la pâte.

Avant l'emploi du levain, le pain était très mince et en forme de galettes faciles à rompre. Il y en avait une espèce qui servait d'*assiette* pour manger les mets dont se composaient les repas.

(Pour plus de détail, sur l'art de faire le pain, consultez *Goguet*.)

(8)

(Telle fut l'origine de ce que nous appelons *Pâtisserie*..... Page 35.)

L'art de la pâtisserie n'est qu'une suite de l'art de la boulangerie.

chapitre du *Lévitique* porte : *Vous assaisonnerez avec le sel tout ce que vous offrirez en sacrifice.*

On ne trouve, dit Legrand d'Aussy, ni chez les Grecs, ni chez les Latins, aucune expression qui signifie un *pâté de chair :* celle qui pourrait le désigner davantage est l'*artocreas* de Perse ; mais on convient généralement que le poète satirique n'entend parler que d'un *hachis de viandes et de pain,* comme le prouvent les deux mots grecs dont est composé celui d'*artocreas.*

Les Hébreux faisaient des gâteaux sans levain, arrosés d'huile ; ils sont prescrits au chapitre 29 de l'*Exode.* Dès cette époque, on se servait de four pour cuire la pâte. Le *Lévitique* en fait mention.

Je n'ai pas compris le Beurre dans la nomenclature des substances que les Romains mêlaient à la pâte ou y ajoutaient. Le beurre leur était, en quelque sorte, inconnu ainsi qu'aux Grecs. Quelques uns de leurs voyageurs s'étaient bornés à en parler d'une manière peu exacte.

Hécatée, ancien écrivain grec, dit que les Phéniciens préparaient *une espèce d'huile* qu'ils savaient séparer du lait. Aristote n'en fait également mention que comme d'une substance imitant l'huile et qui était un des composants du lait ; mais il ne parle ni de la manière dont on le préparait, ni de son emploi. Hérodote fournit assez clairement les

procédés de sa fabrication. Pline dit que le beurre
était un aliment des Barbares et le conseille seulement aux Romains comme un médicament utile
dans plusieurs maladies. Il est encore peu employé
dans une partie de l'Italie où, d'ailleurs, il se fait
presque toujours mal.

Il paraît que la fabrication en était ancienne dans
l'Inde, puisqu'il y figure dans quelques cérémonies du culte (*). Là aussi, à plus forte raison, il
doit avoir l'apparence de l'huile.

Les Celtes, les Germains et tous les peuples du
nord en connaissaient la préparation et en faisaient
usage.

La fabrication des fromages était plus générale-

(*) Les patriarches connaissaient le beurre. Voici du
moins, ce que porte, dans la traduction de Le Maistre de
Sacy, le huitième verset du dix-huitième chapitre de la
Genèse. « Abraham ayant pris du *beurre* et du lait avec
» le veau qu'il avait fait cuire, il le servit devant eux. »

Il est dit aussi dans le livre de Job : « Lorsque je lavais
» mes pieds dans le *Beurre* et que la pierre répandait pour
» moi des ruisseaux d'huile. » — Le beurre dans les pays
chauds ne pouvant pas acquérir la même consistance que
dans les climats tempérés, il cesse d'être étonnant qu'il
passât pour une espèce d'huile et que Job y lavât ses
pieds.

ment répandue. Les habitants des Alpes trouvaient, à Gênes, le débit de ceux que fournissait le lait de leurs nombreux troupeaux. De Gênes ils passaient à Rome. (*Voy*. les Recherches de L. Reynier.)

Dans la dissertation de Plutarque, ayant pour titre : *En quoi les Athéniens ont été plus excellents*, il dit : « Et certainement, les capitaines des » galères ayant fait provision de farine seulement; » et, pour viande, d'ognons et de *Fromages*, pour » leurs hommes de rame, ils les embarquaient » dedans les galères. » Il ne fait, nulle part, mention du beurre.

(9)

(On préparait, avec la farine du maïs, des gâteaux..... Page 37.)

L'action de moudre le maïs avec le grossier instrument dont il a été question, note 7e, étant fort pénible, les Péruviens, au rapport de Garcilasso de la Vega, s'en dispensaient le plus qu'ils pouvaient. Ils mangeaient le maïs (la *Çara*) ou grillé ou bouilli

10

dans l'eau. Ils nommaient *Chamcha* la *Çara* grillée; c'est à dire le maïs rôti, et *Muti* la *Çara* cuite.

Ce n'est que depuis la conquête des Espagnols qu'on aura fait, avec le maïs, les gâteaux appelés *Bollo* : ce *Bollo*, au dire de D. Ulloa, n'a aucune ressemblance avec le pain de froment, ni pour la forme, ni pour le goût. Il est blanc, fade et insapide. Cette espèce de pain ne se conserve pas longtemps : passé vingt-quatre heures, il devient pâteux et n'est pas bon. Dans les maisons des gens aisés, on pétrit le *Bollo* avec du lait : on ne parvient jamais à le faire lever.

(10)

(Les Égyptiens attribuaient la culture de la vigne à Osiris..... Page 39.)

Ce fut une chèvre qui, d'après une ancienne tradition, donna l'idée de tailler la vigne. Cet animal ayant brouté un cep, on remarqua que, l'année suivante, ce cep donna du fruit plus abondamment que de coutume. On profita de cette observation pour étudier la manière la plus avantageuse de tailler.

« On recommandait (BARTHÉLEMY, *Voyage d'Anacharsis*) de ne tailler le jeune plant que la troisième année dans un terrain nouvellement défriché, et, plus tard, dans un terrain cultivé depuis long-temps.... Si la moelle était abondante, on laissait plusieurs jets et fort courts ; si la moelle était en petite quantité, on laissait moins de jets et on taillait plus long. Les vignerons répandaient sur les raisins une poussière légère pour les garantir de l'ardeur du soleil. D'autres fois, ils ôtaient une partie des feuilles, afin que le raisin, mieux exposé à la chaleur, mûrit plus tôt.

» Pour rajeunir les ceps usés on les déchaussait d'un côté ; on nettoyait les racines et on jetait dans la fosse diverses espèces d'engrais que l'on couvrait de terre. On faisait l'opération du côté opposé lorsqu'on le voyait s'affaiblir.... Les vignes étaient garnies d'échalas. . . . . . .

. . . . On portait les paniers de raisin au pressoir. Quelques femmes coupaient les sarments chargés de grappes qu'elles exposaient au soleil pendant dix jours, et à l'ombre pendant cinq. Dans le temps des vendanges, on chantait des chansons appelées *chansons du pressoir*. »

On fumait les vignes tous les quatre ans.

(14)

(On mettait le vin dans des vases ou des outres de peau enduits intérieurement de résine..... Page 40.)

« On dit que la vigne produit le vin doux , là
» où le pin croît naturellement, ce que Théophraste
» réfère à la chaleur de la terre; car, commu-
» nément, le pin croît ès-terres où il y a de l'argile,
» laquelle de sa nature est chaude.

» Le pin fournit les choses propres à bonifier et
» conserver le vin, car tous, universellement, em-
» poissent les vaisseaux où on le met, et encore
» y en a-t-il qui mettent de la résine dedans le vin
» même, comme font ceux d'Eubée, en la Grèce,
» en Italie, ceux qui habitent aux environs du Pô,
» et, qui plus est, on apporte de la Gaule Viennoise
» du vin *empoissé* que les Romains estiment beau-
» coup, d'autant qu'il semble que cela lui donne
» non seulement une agréable odeur , mais aussi
» le rend plus fort et meilleur. »

(*Plutarque, traduction d'Amyot.*)

J'emprunte à Pitiscus ce qui suit sur la manière de faire le vin chez les Romains :

« D'abord, ils foulaient les raisins et en mettaient le moût dans un grand vase ou cuvier appelé *Lacus* (*), ensuite ils jetaient toutes les grappes sur un pressoir, pour extraire le reste de la liqueur. Après l'avoir exposée toute la nuit à l'air, ils la faisaient passer à travers un couloir de lin,

(*) *Lacus* signifie, à proprement parler, *lac*; mais les Romains donnaient ce nom à tout grand vase, cuve ou réservoir, à large orifice, destiné à contenir de l'eau, ou un autre liquide.

On conservait quelquefois le vin dans des vases à deux anses, appelés *Diotas* ou *Diota Amphora*, dont l'extrémité inférieure se terminait en fuseau. Ils s'employaient aussi dans les cérémonies religieuses relatives à la lustration de la vigne. La découverte récente de *Diotas* dans le Rhémois a fait supposer que la vigne était cultivée dans les Gaules, avant leur conquête par les Romains. Ne serait-ce pas plutôt une preuve que sa culture s'était introduite après leur arrivée, et que ce sont eux qui avaient importé les Diotas, dont la forme peut, ensuite, avoir été imitée par les potiers gaulois?

Une peinture, représentant un *Diotas* suspendu à une perche soutenue sur l'épaule par deux hommes, servait, à Pompéi, d'enseigne à un marchand de vin.

pour l'épurer entièrement; enfin ils la déposaient
dans de grands vaisseaux de terre cuite, bien bou-
chés avec de la poix, quoiqu'ils n'ignorassent pas
la manière de faire des tonneaux; car ils s'en servaient pour transporter le vin, de même que de
peaux de bêtes apprêtées et d'outres de bouc. Plus
le vin était vieux, plus on l'estimait. Pour connaître
le temps de sa récolte, on en marquait l'année sur
les vaisseaux. Il se conservait jusqu'à cent ans et
davantage. Pour cela, on le mettait dans le gre-
nier et non pas à la cave, comme on fait parmi
nous; manière qui paraît aussi extraordinaire que
celle qui était pratiquée, en été comme en hiver, de
faire tiédir l'eau pour boire. — Les Romains avaient
des vins de plusieurs sortes dont les noms étaient tirés du lieu où ils croissaient, ou de la manière dont
ils étaient apprêtés. »

(12)

(Des manipulations qui dénotent un esprit remarquable d'observation..... Page
42.)

Partout où les navigateurs ont pénétré depuis
trois siècles, ils ont trouvé, chez les peuples les
moins civilisés, un commencement d'industrie pour
fabriquer des boissons fermentées, ou spiritueuses,

avec des fruits, des herbes, des racines, et même avec la sève de certains arbres.

J'ai parlé, page 45, de la boisson obtenue au Brésil avec le maïs mâché. On retrouve cette singulière et dégoûtante coutume dans l'île de Formose, pour la boisson qu'on y prépare avec le riz. Il paraît qu'on a pour but de créer une sorte de levain qui accélère la fermentation. Voici ce qu'on lit à cet égard, dans l'ouvrage publié en Hollande sous le titre d'AMBASSADES MÉMORABLES VERS LES EMPEREURS DU JAPON.

« Dans l'île de Formose, on boit une certaine liqueur qui enivre comme le vin d'Espagne. Les habitants la préparent ainsi : ils prennent du riz qu'ils font cuire à petit bouillon, puis ils le pilent jusqu'à ce qu'il soit en pâte; *ils le mâchent ensuite et le crachent dans un petit pot pour servir de levain.* Cela fait, ils versent de l'eau et le riz mâché sur d'autre riz qui est dans un grand pot et le laissent infuser environ quinze jours. Alors on en tire un breuvage qui est clair, fort, agréable, et qui devient toujours meilleur à mesure qu'il vieillit; de sorte qu'il se garde jusqu'à trente ans. »

L'invention des vins de fruit est attribuée par Virgile aux habitants des pays froids. Les Romains fabriquaient une espèce de RAISINÉ (*Carenum*) avec le vin doux réduit par l'ébullition. Palladius en fait mention.

(13)

(La bière était la boisson fermentée la
plus répandue..... Page 44.)

Peloutier, dans son *Histoire des Celtes*, s'ap-
puyant sur les témoignages de Diodore, d'Ammien-
Marcellin, de Pline, de Dion Cassius, de Strabon, dit : « La BIÈRE était la boisson la plus com-
» mune des Celtes ; elle portait divers noms dans
» les différentes contrées de l'Europe. Les Gaulois
» l'appelaient *cervisia* ou *zithus*. » (Le nom de *cer-
voise* est encore en usage dans quelques parties de
la France.)

« La bière se faisait partout de la même ma-
» nière ; on mouillait le grain pour le faire germer,
» puis on le séchait au feu ; ensuite on le faisait
» moudre ou piler ; on le détrempait avec de l'eau,
» et quand la liqueur avait fermenté, on en cuisait
» de la bière. »

Une des strophes de l'*Havemaal* qui fait suite à
l'Edda des Islandais est ainsi conçue : « Il n'y a

» rien de plus inutile aux fils du siècle que de
» *trop boire de bière;* car, plus un homme en boit,
» plus il perd de raison. L'oiseau de l'oubli chante
» devant ceux qui s'enivrent et leur dérobe leur
» ame. »

Dans une autre strophe, il est dit : « *Louez la*
» *bière* quand vous l'aurez bue. »

(Voyez **Mallet**, *Introduction à l'histoire du Da-*
nemarck.)

Voici une épigramme de Julien l'apostat, sur la
bière, traduction de Baudelot :

« Qui êtes-vous? et d'où êtes-vous Bacchus?
» car, pour le véritable Bacchus, je ne vous con-
» nais point. Je ne connais que celui qui est fils de
» Jupiter; il sent le nectar, et vous ne sentez que
» le bouc. Les Celtes, apparemment, qui n'ont
» point de raisins, vous ont fabriqué de grains
» d'orge. Ainsi, il faut vous appeler *Céréal* et non
» *Denis;* bien plus fils du feu, et plutôt *Avénique*
» que Baschique. »

François de Neufchâteau a donné, dans la belle
édition d'Olivier de Serres, dont on est redevable à
la Société royale et centrale d'agriculture, une
savante dissertation sur la bière.

(14)

(De la levûre de bière pour rendre la pâtisserie plus légère..... Page 44.)

Sur la fin du XVIe siècle, quelques boulangers de Paris, ayant commencé à mettre en usage le *pain mollet*, se servirent de la levûre qui était employée pour la pâtisserie ; cette méthode réussit et eut pendant long-temps la vogue.

Cependant il se rencontra des physiciens méticuleux qui alarmèrent le public sur cette découverte, et qui en parlèrent comme d'un poison....., ainsi qu'il est arrivé postérieurement, et sans plus de fondement, pour l'huile de pavot ou d'œillette.

Le lieutenant de police convoqua, en 1666, une assemblée de médecins pour avoir leur avis. Ceux-ci n'ayant pu s'accorder, la question fut portée à la Faculté de médecine, qui, après deux mois d'examen, décida à la pluralité des voix (47 contre 33), le 24 mars 1668, *que la levûre de bière était contraire à la santé et préjudiciable au corps humain, à cause de son âcreté, née de la pourriture de l'orge et de l'eau.*

Comme, en dépit de la décision de la Faculté, on continua à manger, sans accident, les *pains mollets,* un arrêt du Parlement, rendu le 21 mars 1670, réhabilita la levûre et en permit l'usage, sous la condition que les boulangers n'emploieraient que de la levûre fraîche.

(Voyez *de la Mare et Legrand d'Aussy.*)

(15)

(**Antipater** y fait allusion (*aux moulins à eau*) dans une de ses épigrammes..... Page 50.)

« **Vous** qu'on a, jusqu'ici, employées à moudre
» les grains, femmes, laissez désormais reposer vos
» bras, et dormez sans trouble. Ce n'est plus pour
» vous que les oiseaux annonceront, par leurs
» chants, le lever de l'aurore. Cérès a ordonné aux
» naïades de remplir vos travaux ; elles obéissent
» et tournent avec vitesse une roue qui meut rapi-

» dement elle-même les meules pesantes. Mainte-
» nant vont renaître pour nous les jours heureux,
» les jours de repos du siècle d'or. Nous chan-
» geons, sans peine, en aliments les dons de Cérès. »

(16)

(« Le bœuf continua d'être exclusive-
vement employé au labourage..... » Page
56.)

Les Romains célébraient tous les ans des jeux
en l'honneur des bœufs destinés au labourage, et
voulurent que celui qui aurait apporté quelque
dommage aux bestiaux fût livré à la justice. Ils
attachaient de l'émulation et de l'honneur à se distinguer par le nombre de ceux qu'ils élevaient et
par les soins qu'ils leur donnaient.

Dans presque tous les codes de la Germanie, les
délits contre les bestiaux étaient les plus sévèrement punis.

Une loi des Athéniens défendait de tuer le bœuf
qui servait pour le labourage des terres, ou qui

était attelé aux chars destinés au transport des grains. Les Phrygiens punissaient cette action comme un homicide.

(17)

(Les champs furent convertis en parcs d'agrément, les prairies en jardins...... Page 60.)

Ces changements s'opérèrent particulièrement sous le règne d'Auguste. Tant que Rome resta République, le luxe des jardins et le genre de culture qui s'y rapporte firent peu de progrès.

Les écrivains de l'antiquité, dit Goguet, ne nous ont transmis aucun détail sur les connaissances qu'on pouvait avoir anciennement du jardinage. On sait seulement par eux que le figuier est le premier arbre à fruit qu'on ait cultivé. Après le figuier, vint l'amandier. Lorsque Jacob envoya Benjamin en Égypte, il ordonna à ses enfants de porter à Joseph, entre autres présents, des amandes.

Les Syriens passaient pour entendre parfaite-
ment le jardinage.

Dans la description que fait Homère des jardins
d'Alcinoüs, il dit qu'on y cultivait le poirier, l'o-
ranger, le grenadier, le figuier et l'olivier. « La
» jeune olive bientôt à son automne faisait voir
» l'olive naissante qui la suivait. La figue était
» poussée par une autre figue; la poire par la
» poire, la grenade par la grenade, et à peine l'o-
» range avait disparu qu'une autre s'offrait à être
» cueillie (*). »
Ces jardins étaient divisés en vergers contenant

(*) Le goût des jardins, ou plus exactement, des plantations agréables, paraît avoir été général chez les Grecs.
Chaque Athénien avait, près de sa maison de campagne, des
figuiers, des haies de myrtes, des plantations de rosiers et
de violettes, indépendamment des légumes qu'il cultivait pour l'entretien de son ménage. Ils portaient un grand
respect aux bois sacrés, et même aux arbres remarquables
par leur antiquité, comme ceux qui composaient la forêt
de platanes, près de Phères, en Achaïe, et les chênes de la
Béotie.
Dans les villes, les *Palestres* et les *Gymnases* étaient
embellis d'allées de platanes.

les arbres fruitiers, en vignes et en potager. Ils étaient ornés de deux fontaines : l'une, se partageant en différents canaux, arrosait les jardins ; l'autre, coulant le long des murs de la cour, avait son issue à l'extrémité du palais et fournissait de l'eau à toute la ville.

La greffe était encore inconnue.

Moïse prescrit, comme moyen de faire porter aux arbres de beaux fruits, le retranchement de ces fruits pendant les trois premières années après la plantation.

Théophraste nous apprend qu'on était dans l'usage, en Grèce, d'appliquer le feu aux rosiers pour les féconder, et que, sans cette précaution, ils ne donnaient pas de fleurs. Selon d'Acosta (*Histoire naturelle de l'Inde*), le feu ayant pris, par hasard, à un rosier, quelques rejetons furent conservés. Ils portèrent, l'année suivante, une plus grande quantité de roses que ceux dont les branches n'avaient subi aucun retranchement (*) ; les Indiens apprirent, de cette manière, à émonder

---

(*) La qualité astringente de la rose, et son odeur si suave, l'avaient mise en usage dans les festins des anciens. Ils croyaient qu'elle dissipait les fumées du vin. On en jetait sur la table et sur les lits qui servaient de siége.

les rosiers et à en ôter le bois superflu ; ce procédé
fut ensuite étendu à d'autres arbres.

Thoüin, dans sa *Monographie des greffes*,
n'entre dans aucun détail sur l'époque où on a
commencé à les pratiquer, et sur les différents
modes d'application de ce moyen de perfectionner
les fruits des arbres ; il se borne, après avoir dit
que les Phéniciens transmirent l'art de la greffe
aux Carthaginois et aux Grecs, et que les Romains
les reçurent de ces derniers, à citer, comme ayant
écrit sur cet art, Théophraste, Aristote et Xénophon chez les Grecs ; Magon parmi les Carthaginois ; Varron, Pline, Virgile et Constantin César
chez les Romains.

Plutarque, aux *Propos de table*, sixième question, dit : « Soclarus nous festoyant en un sien ver-
» ger, nous monstrait des arbres diversifiés de tou-
» tes sortes d'entures en escusson. Nous y voyions
» des oliviers qui sortaient de lentisques, et des
» grenadiers de meurthes (*myrtes*). Il y avait des
» chênes qui portaient de bons poiriers, et des
» platanes qui recevaient des pommiers, et des fi-
» guiers qui avaient été entés de greffes de meu-
» riers et d'autres meslanges de plantes sauvages
» domtées et apprivoisées jusqu'à porter fruict. »

L'origine de la greffe et les procédés employés pour la pratiquer ne sont point spécifiés. On lit seulement, dans la suite de la question, qu'on ne voyait jamais ni Cyprès, ni Pin, ni Sapin nourrissant aucune greffe d'arbre de différentes espèces. On croyait qu'ils étaient rebelles à la greffe, en raison de leur nature grasse, l'huile étant ennemie de toutes les plantes, et aussi par suite de la nature sèche et rude de leur écorce, laquelle s'oppose à l'incorporation de la greffe, tandis qu'elle s'opère avec facilité sur les arbres dont l'écorce est molle et humide.

Je dois comprendre, parmi les arbres qui étaient cultivés au temps où Homère écrivait, *le Pommier*. Lorsqu'Ulysse veut se faire reconnaître par Laërce, son père, il lui dit : « Tu me fis présent d'un petit » verger fourni de treize poiriers, de *dix Pommiers*, » de quarante figuiers, et tu me mis en possession » de cinquante rangs de vignes qui n'attendaient » que la main du vendangeur. »

(18)

(Les propriétés cultivées par des domestiques libres (*villici*)..... Page 65.)

L'esclave qui avait l'intendance sur toute une
terre, sur une maison de campagne, qui la faisait
valoir pour son maître et qui commandait aux autres esclaves, se désignait sous le nom de *Villicus*.
C'était l'économe principal. Quelquefois, les propriétés se donnaient à ferme à l'un des plus in-
dustrieux, qui se chargeait d'en rendre une certaine somme à son maître ; et, si par son industrie
et son travail, il en retirait davantage, le bénéfice
était pour lui. Cet esclave fermier s'appelait encore
villicus.

(Voyez Pitiscus, *Dictionnaire des antiquités romaines*.)

(19)

(Assurer le succès des productions qu'on confiait à la terre..... Page 66.)

Il paraît que les Grecs n'avaient pas adopté un système d'assolement aussi rigoureux que celui des Romains. Immédiatement après la moisson, ils ouvraient la terre par la charrue ou par le hoyau, pour détruire les racines restées après la récolte des grains. On réunissait ces racines par tas auxquels on mettait le feu, et on répandait les cendres sur la surface du sol. Théophraste pensait que les cendres, réunies aux engrais animaux, avaient une grande efficacité pour corriger la froideur de la terre.

Eschyle, au rapport d'Élien (3ᵉ livre des *Préceptes agricoles*), recommande, après deux récoltes consécutives, de labourer la terre ou de la défoncer à la pioche aussi profondément que possible, d'y enfouir des matières propres à lui rendre la fertilité, et enfin de labourer de nouveau. On doit, d'ailleurs, ajoute-t-il, étudier la nature du terrain et les exigences de chaque espèce de plante. Il n'est pas moins utile d'avoir égard à l'état du sol et de la saison, avant de confier la semence à la terre.

Escrion, célèbre agronome cité par Varron et par Columelle, conseille de n'employer jamais, suivant l'usage des cultivateurs de l'Afrique, que des engrais analogues à la nature et à la qualité du terrain...... Les moyens réparateurs qu'on lui applique sont, selon lui, comme ces substances que le médecin conseille à un homme qui a perdu ses forces..... Tous les fumiers ne possèdent pas les mêmes qualités, ni une égale énergie ; c'est à l'intelligence du cultivateur à en reconnaître la constitution et à apprécier l'espèce et la quantité des engrais qui lui conviennent.

L'abbé Fontani à qui j'emprunte une partie du sujet de cette note, pour montrer combien les Grecs honoraient l'agriculture, rappelle que, dans les fêtes de Cérès, les arbitres du concours se choisissaient parmi les notables des lieux. Ils examinaient, avec soin, les travaux des concurrens ; c'était un véritable triomphe que d'être proclamé le plus actif et le plus habile.

Plutarque dit « Qu'une bonne terre, faute d'être » cultivée, devient en friche ; et d'autant plus » qu'elle est grasse et forte de soy mesme, d'autant » plus se gaste t'elle par négligence d'être bien la- » bourée ; au contraire, vous en verrez une autre

» dure, âpre, pierreuse, qui, néanmoins, pour
» être bien cultivée, porte incontinent, de beaux
» et bons fruits. »

Aux indications que cette note contient sur les
pratiques agricoles des Grecs, j'ajouterai qu'à
l'exception des Spartiates et peut-être des Thes-
saliens, les Grecs habitaient, par goût, leurs maisons des champs, d'où ils dirigeaient les travaux
de leurs esclaves, et, le plus souvent, les partageaient. Ce genre de vie leur donnait un vif attachement pour leurs propriétés : aussi une sorte
de honte était-elle attachée à la vente de celles
qu'on avait reçues de ses pères.

Lorsque, dans l'Attique, un propriétaire avait
emprunté une somme quelconque, il était tenu de
l'annoncer ostensiblement. Les terrains hypothéqués se distinguaient des propriétés libres de
toute redevance par de petites colonnes chargées
d'une inscription rappelant les obligations con-
tractées avec le premier créancier.

Les champs étaient séparés les uns des autres
par des haies ou par des murailles.

Aucun droit fiscal ne grevait les ventes ni les
échanges. Xénophon rapporte que son père avait
fondé sa fortune en achetant des terres négligées

qu'il revendait ensuite, après les avoir mises en
valeur, pour en acheter d'autres auxquelles il
donnait les mêmes soins.

La saisie des propriétés pour dettes était auto-
risée; mais il y avait défense d'entrer, pour l'exécution de la saisie, dans la maison du propriétaire
pendant son absence.

On avait établi des tribunaux dans les campagnes, pour que les cultivateurs fussent moins dis-
traits de leurs travaux.

Le possesseur d'un champ ne pouvait y creuser
un puits, ni construire une maison qu'à une certaine
distance du champ voisin, distance fixée par la loi.

Il ne devait pas, non plus, détourner sur la
terre de son voisin les eaux qui tombaient des
hauteurs dont la sienne était entourée; mais il
pouvait les conduire dans le chemin public : c'était
aux propriétaires limitrophes de s'en garantir.

Celui qui arrachait dans son champ plus de deux
oliviers par an, à moins que ce ne fût pour quelque usage autorisé par la religion, était obligé de
payer cent drachmes à l'accusateur, et cent autres
au fisc. L'Aréopage connaissait de ces délits. Les
bois d'oliviers consacrés à Minerve s'affermaient, et
le produit était uniquement destiné à l'entretien
du culte de cette déesse. Si le propriétaire en cou-

pait un seul, lors même que ce n'eût été qu'un tronc inutile, on le punissait par l'exil et par la confiscation de son bien.

Comme l'Attique produisait peu de blé, l'exportation en était défendue. Ceux qui en allaient chercher au loin ne pouvaient, sans s'exposer à des peines rigoureuses, les verser dans une autre ville.

Pour tenir le blé à son prix ordinaire, cinq drachmes par *medium* (environ 4 fr. 25 c.), il était interdit, sous peine de mort, à tout citoyen d'Athènes d'en acheter au delà d'une certaine quantité; la même peine se prononçait contre les inspecteurs des blés, lorsqu'ils ne réprimaient pas le monopole.

(Voyez *Plutarque*, *Barthélemy*, *L. Reynier*, etc.)

(20)

(« On pratiquait des saignées profondes soit à air libre, soit couvertes... » Page 67.)

Les Égyptiens et les Chinois sont, sur l'ancien

continent, les peuples qui, les premiers, firent
usage des canaux pour fertiliser les campagnes...
Nous avons vu quels soins leur donnaient les Péruviens.

On prétend qu'Archimède inventa, dans un
voyage qu'il fit en Égypte, la vis qui porte son
nom.

La Chine étant coupée d'un grand nombre de
rivières, ses ingénieux habitants sont parvenus à
ouvrir, dans leurs prairies, des canaux navigables
aux petits bateaux; de petites écluses facilitent
l'arrosement, et tout est disposé de manière à faire
rentrer à volonté les eaux dans leur lit.

Ceux qui habitent les montagnes pratiquent,
de distance en distance et à différentes élévations,
des réservoirs plus ou moins grands; l'eau de pluie
et celle des sources qui coulent des montagnes y
sont amenées et se distribuent ensuite sur les
champs....

Les Romains, à l'imitation des Égyptiens, acquirent beaucoup d'industrie dans l'arrosage des
terres.

Mais s'ils jugeaient utile de conduire l'eau dans
les champs naturellement secs, ils n'avaient pas
moins reconnu la nécessité d'assainir et d'égoutter

ceux qui étaient trop humides ; de grandes précautions se prenaient pour obtenir ce résultat.

Columelle recommande d'ouvrir, aussitôt après les semailles, des sillons d'écoulement, et même de ne pas négliger d'en creuser lorsque la saison était sèche, et que les ensemencements avaient eu lieu de bonne heure.

Les saignées étaient de deux sortes, ouvertes ou couvertes.

Caton croit nécessaire de donner aux rigoles de dessèchement une largeur de trois pieds, réduite, dans leur fond, à quinze pouces, sur une profondeur de quatre pieds ; de garnir le fond de pierres, ou, à leur défaut, de branches vertes de saule, disposées alternativement en sens contraire. — Dans les terres fortes et argileuses, on laissait les saignées découvertes. Columelle réduit leur profondeur à trois pieds, ce qui est plus en rapport avec la largeur qu'on leur donnait au niveau du sol.

(21)

(« Un soin particulier était donné à la préparation des engrais..... » Page 68.)

La méthode de bonifier les terres par des engrais est presque aussi ancienne que l'art de les cultiver.

Yu, le premier empereur des *Yao*, en Chine, fit un ouvrage sur l'agriculture, dans lequel il parlait de l'emploi des excréments des animaux pour fertiliser les terres.

Dans cet empire, où tout semble être maintenant stationnaire, on peut aussi déterminer, comme en Amérique, les pratiques anciennes, par ce qui est encore en usage de nos jours. Or, Eckberg, à qui on doit des informations intéressantes sur l'économie rurale des Chinois, s'explique ainsi :

« Les gens pauvres amassent dans les rues et » aux environs des maisons, et même avec de pe- » tites barques sur les rivages, toute sorte de ma- » tières propres à servir d'engrais, qu'ils vendent » à ceux qui en font commerce ; ils ramassent aussi

» l'urine dans des vases qu'ils tiennent dans les
» maisons. On emploie les enfants à amasser, dans
» les pâturages, les excréments des bestiaux ; on
» brûle les ossements que l'on peut rassembler,
» et on en répand la cendre avec celle des herbes
» et des broussailles brûlées sur les champs pour
» les rendre fertiles (*). Avant de semer le blé, on
» laisse tremper le grain dans du jus de fu-
» mier, etc. »

La marne s'employait pour fertiliser les terres
froides et humides des plaines de Mégare. Cet

(*) Cette citation montre que l'emploi des os, comme en
grais, est emprunté aux Chinois. Leur pratique de brûler
les os avant de les employer, et d'en répandre la cendre,
est préférable à celle qu'on a cherché à faire prévaloir en
Europe, où on commence à reconnaître son peu d'utilité pratique, et qui consiste à faire usage d'os broyés. —
Lorsqu'ils ne sont pas, en quelque sorte, réduits en poudre
par la trituration, leur effet est très lent ; il n'est pas plus
efficace que celui des chiffons de laine ou des poils. Les uns
et les autres, comme les os en nature, ne sont réellement à
leur place qu'aux pieds des arbres, auxquels ils fournissent
lentement, mais pendant long-temps, des sucs nutritifs.

amendement était aussi en usage dans la Bretagne et dans les Gaules; on l'y répandait après le labourage. Columelle mêlait la craie aux terres sablonneuses, et le sable aux terres crayeuses.

Lorsque, dit Eckberg déjà cité dans cette note, les Chinois ont remué, avec une petite charrue ou avec une bêche, le sol des terrasses qu'ils forment sur les pentes des collines, et qu'ils l'ont aplani avec un râteau, on lui donne autant d'engrais que les plantes que l'on veut cultiver l'exigent; mais, en cela aussi, on observe une grande économie. On arrose la semence, ou le plant, avec du jus de fumier; quelquefois les cultivateurs jettent de la cendre sur chaque grain. Ils croient que l'engrais qui tombe entre les plantes n'est d'aucune utilité.

Virgile regardait le lin, l'avoine, le pavot comme des plantes brûlantes et desséchantes qui exigeaient des fumiers abondants et l'emploi de la cendre. Il conseillait de brûler le chaume des champs maigres et de mener paître les brebis dans ceux où le blé poussait avec trop de force.

Avant de semer les pois, les fèves et autres légumes à gousse, on les trempait dans de l'eau chargée de nitre auquel on ajoutait de la lie d'huile d'olive, préparation désignée, ainsi que je l'ai déjà dit, sous le nom d'*amurca*.

Selon Columelle, on parvient à détruire les fougères, si on a soin, après avoir fumé la terre, d'y semer des lupins ou des fèves, et de tirer à soi les tiges de fougère, à mesure qu'elles paraissent (*).

(22)

(On faisait une grande attention au choix des semences et à l'époque où on les con- fiait à la terre..... Page 70.)

Les agronomes grecs et romains recomman- daient d'apporter la plus grande attention au choix des semences et de l'époque où on les confiait à la terre. Ils représentaient que, quand le grain était semé trop dru, les pailles étaient maigres, les épis inégaux et courts, qu'alors, aussi, les sarclages

(*) Pour que l'arrachage des tiges de fougère serve effica- cement à détruire la plante, il est nécessaire, lorsqu'on re- connaît que la tige s'est détachée entièrement de la racine, de procéder de manière à ne pas la retirer de terre, parce qu'alors les eaux de pluie, en descendant le long de cette tige détachée, pénètrent directement aux racines qu'elles font pourrir. Elle oppose, en outre, un obstacle au dé- veloppement de la nouvelle tige

étaient presque impraticables, et que les mauvaises herbes envahissaient et effritaient le terrain.

On répandait la semence à la main. Pline dit qu'il est nécessaire que celle-ci agisse d'accord avec le pas et qu'elle suive le mouvement du pied droit.

Lorsqu'on semait *sous raie*, on enterrait le grain à la charrue. On semait sur les arètes des sillons dans les terres fraîches, et dans les sillons lorsqu'elles étaient sèches. Pour l'exécution de cette seconde méthode, on formait, d'abord, les sillons au moyen de la charrue, et l'on recouvrait avec le râteau ou des herses. Pour suivre la première méthode, on commençait par répandre les semences, et on labourait en traçant les nouveaux sillons ou arètes, à l'aide du versoir.

Les semailles d'automne duraient, chez les Romains, depuis l'équinoxe jusqu'au solstice d'hiver : celles du printemps commençaient aussitôt que les terres étaient en état d'être ensemencées, et finissaient au mois de mars : on n'avait recours à ces semailles que dans le cas de nécessité seulement. Les Romains pensaient qu'elles ne convenaient qu'aux lieux froids et sujets aux neiges, où l'été est humide et sans chaleur vive.

Ils désapprouvaient aussi les ensemencements faits après le solstice d'hiver. Columelle est d'avis

qu'ils doivent cesser quinze jours avant cette époque.

(23)

(Les choux étaient mis au premier rang
des médicaments..... Page 72.)

Les Grecs faisaient un si grand cas du Chou, qu'ils
le nommaient divin et sacré. Pythagore le mettait
au dessus de tous les autres moyens curatifs, tant internes qu'externes. Il ne faut pas s'étonner, dit
Pline, si, d'après cela, les Romains, ayant éloigné
de leurs villes tous les médecins, n'ont usé d'aucun
autre médicament, pendant six cents ans, pour
toute sorte de maladies.

Les anciens prétendaient que, si on mangeait des
choux au commencement du repas, on pourrait
boire du vin, tant qu'on voudrait, sans en être in-
commodé, et qu'ils étaient un remède souverain
contre l'état d'ivresse.

On offrait, avant tout autre mets, l'espèce de chou
appelé *Crambe* (*), pour exciter l'appétit des con-

_____

(*) On cultive quelquefois en France, mais plus souvent
en Angleterre, une espèce de crambe, le crambe maritima.

vives ; toutefois, on prétendait que l'usage habituel de cette plante pouvait devenir mortel.

L'AIL était en une telle estime chez les Égyptiens,
que cette plante fut, pendant long-temps, mise au
nombre de leurs divinités. Les Grecs, au contraire,
défendaient l'entrée du temple de Cybèle à ceux qui
avaient mangé de l'ail. Les Romains le considé-
raient comme une nourriture utile aux gens de la
campagne, et même aux soldats.

On sait que les Égyptiens adoraient également
l'OIGNON.

La Rave (*rapa*) a été, de tout temps, fort esti-
mée ; elle servait à la nourriture de l'homme et à
celle des bœufs, surtout dans les Gaules. Pline lui
donne la préférence sur toutes les autres racines. Il

chou maritime, plante vivace, qui croît naturellement,
près de la mer, dans les parties méridionales de l'Europe,
et dont les jeunes pousses se mangent comme les asperges.
Elles sont légèrement amères et passent pour être vermi-
fuges et vulnéraires.

Les choux faisaient, chez les Romains, partie du premier service, qu'ils appelaient *antecœnium*, où, selon que
cela se pratique encore dans le nord de l'Europe, et comme
je l'ai trouvé d'un usage général en Suède, on ne servait que
des mets propres à exciter l'appétit.

parle aussi du NAVET (*napus*); on préférait l'espèce
qui venait de Corinthe. Palladius conseille, pour
faire venir les raves plus grosses, de les arracher, d'en couper les feuilles à un demi-doigt de
la racine et de les replanter dans une terre bien
préparée.

La distinction entre les raves et les navets n'a
jamais été, que je sache, bien rigoureusement déterminée par les agronomes français. — Dans le
Nouveau Cours d'agriculture, publié par le libraire
Deterville, on dit, avec raison, que le navet a la
racine plus fusiforme que la rave; mais on n'établit
pas de distinctions suffisantes entre celles qui
souffrent la transplantation et celles qui ne la sup-
portent que très difficilement.

Thaër donne le nom de *raves* aux espèces qui
ne réussissent à la transplantation qu'au moyen de
soins assidus, impossibles à prendre dans la grande
culture, et de *navets* à celles qui, comme le navet de Suède (RUTABAGA), se transplantent avec facilité. En général, les premières sont très aqueuses; les
seconds ont la chair beaucoup plus compacte. Les
raves ont la feuille velue; les navets ont, comme
les choux, la feuille lisse. C'est, surtout, par ces
différences dans la nature de leurs feuilles, et par
la quantité de substance alimentaire de leurs racines, qu'on peut, le mieux, distinguer ces deux
variétés de plantes tubéreuses. Les premières, com-

12

prenant la *rave plate du Limousin* et le *turneps* des Anglais, ont une racine en *queue de rat* qui part du centre inférieur de la masse charnue. Cette conformation rend leur transplantation très chanceuse. On conçoit qu'en effet elle doit s'opposer à ce qu'on puisse faire adhérer la terre à toutes les parties de leur longue et grêle racine, faiblement garnie de filaments courts et déliés.

Pline désigne la CAROTTE sous le nom de *daucus gallica*.

Théophraste et Athénée font mention du PANAIS.

(24)

(Une haute estime était accordée à l'art de bien cultiver..... Page 72.)

Le premier élément d'une bonne culture, le labourage, était l'objet des soins les plus attentifs.

Pline donne, à cet égard, les conseils suivants : dans les climats chauds, les terres doivent être labourées le plus tôt possible après le solstice d'hiver ; — dans les pays froids , après l'équinoxe du printemps et plus tôt dans les pays secs que dans ceux qui sont humides ; plus tôt dans les terres fortes que dans les terres franches, et plus tôt dans les grasses que dans les maigres. — Un sol profond et pesant est mieux labouré en hiver, et celui qui est léger et sec, un peu avant le temps des semailles.

La terre riche et forte se labourait aussi souvent que cela était nécessaire pour la réduire en poussière ; les labours croisés se recommandaient comme un moyen de mieux ameublir ces sortes de terrains.

Une maxime du labourage, chez les Romains, était de le faire à sillons égaux entre eux et de la même largeur. Ces sillons devaient être droits.

Pour rompre et diviser le sol, on recommandait les sillons étroits. Il fallait qu'on ne pût pas apercevoir par où la charrue avait passé , lorsque le labour était terminé, et qu'il n'y eût, dans le champ, aucune partie de terre qui n'eût été remuée (*).

(*) Dans les pays où l'on a conservé l'usage de l'araire, ce résultat s'obtient en refendant , sans retard , les arêtes formées par un premier labour. Cet instrument expéditif (l'araire) peut être employé avec avantage pour seconde façon , après que la terre a été profondément

La charrue communément employée par les Romains n'ayant ni coutre ni versoir, c'était par son inclinaison d'un côté ou de l'autre qu'elle retournait la terre du sillon.

Pline estimait que les trois quarts d'un *jugerum* devaient être labourés, pour la première fois, en un jour, et qu'un *jugerum* et demi pouvait l'être pour la seconde façon, lorsque la terre était légère; qu'en terre forte il n'était possible de bien façonner qu'un demi-*jugerum*, lors du premier labour, et un *jugerum*, lorsqu'on donnait le second.

Les Carthaginois disaient que *la terre doit être moins forte que le laboureur.*

Furius Cresinus, obtenant des récoltes plus abondantes que ses voisins, fut, par eux, accusé de magie. Ayant été traduit en jugement, il conduisit dans le *forum*, avant l'appel de sa cause, une fille robuste qu'il avait bien nourrie et bien vêtue, des ustensiles en fer de la meilleure construction, de larges bêches, des socs pesants et des bœufs vigou-

renversée par une charrue garnie d'une forte oreille. Il divise les tranches, facilite et améliore le travail ultérieur de la herse. J'ai souvent éprouvé les bons effets de l'emploi, immédiatement alternatif, de ces deux instruments, particulièrement dans les terres tenaces et promptes à s'encroûter.

reux : « Voilà, dit-il, Romains, en quoi consistent
» mes sortiléges ; mais il y manque mes médita-
» tions, mes veilles, mes fatigues, que je ne puis
» produire ici devant vous. »

Ce fait est rapporté par Pline. Columelle raconte
le suivant :

Un nommé *Paridius* avait deux filles et pour
bien une vigne. Lorsqu'il maria l'aînée, il lui donna
pour dot le tiers de cette vigne, et, malgré cet abandon, il recueillit, du reste de sa propriété, le même
produit que précédemment. En mariant, plus tard,
sa seconde fille, il partagea avec elle la vigne qui
lui restait. Son revenu annuel n'éprouva aucune
diminution par ce nouveau partage, parce qu'il
perfectionnait sa culture, à mesure qu'il se dessai-
sissait d'une partie de son fonds.

Semez moins et labourez davantage était une
maxime des anciens que Paridius avait su habilement appliquer.

Pline était d'opinion que les grandes fermes
causaient la ruine de l'Italie.

Admirez, si vous voulez, une grande ferme, disait Virgile, *mais n'en cultivez qu'une petite.*

(25)

(« On ne pouvait conduire les bestiaux
sur les terres ensemencées par autrui qu'a-
près l'enlèvement des récoltes...... » Page
76.)

Une loi romaine des Douze Tables porte que
si quelqu'un coupait de nuit du blé dans un
champ appartenant à autrui, ou qu'il y menât,
en ce temps, paître son bétail, s'il était âgé de quatorze ans, il serait pendu et étranglé, qu'au dessous de cet âge il serait fustigé à discrétion et livré
ensuite au propriétaire du blé, pour lui servir
d'esclave jusqu'à ce qu'il eût réparé, au double, le dommage estimé par le préteur.

D'après une autre de ces lois, si quelqu'un, volontairement et de propos délibéré, met le feu à un
tas de blé, le coupable sera fustigé et ensuite
brûlé vif. — Si le feu a pris au blé par sa faute ou
par négligence, mais sans malice, il sera condamné

à la réparation du dommage, sinon fustigé, à la discrétion du préteur.

Les Cypriens permettaient à celui qui trouvait, dans son champ, la bête de son voisin de la prendre et de lui arracher les dents.

On peut rapporter à cette coutume la menace qu'Homère met dans la bouche du mendiant *Irus*, et que celui-ci adresse à Ulysse :

« Je lui ferai *sauter de la mâchoire toutes les dents*, comme à un porc dévastant un guéret. »

(26)

(« Les prés étaient considérés comme clos, pendant la saison nécessaire pour laisser croître et enlever l'herbe..... » Page 76.)

Les Romains distinguaient quatre espèces de clôtures :

1°. La naturelle, formée par des haies vives;

2°. La champêtre, composée de pieux et de broussailles ;

3°. La militaire, ou le fossé.

4°. L'artificielle, qui était la clôture en maçon-
nerie.

J'ai dit (note 18e) que, dans la Grèce, les champs
étaient séparés les uns des autres par des haies ou
par des murailles.

« Au palais d'Alcinoüs touchait un jardin spa-
» cieux *autour duquel était conduite une haie vive.* »
(*Homère*, *Odyssée*, traduction de Bitaubé.)

PRÉCIS

DE

L'HISTOIRE DE L'AGRICULTURE.

—

SECONDE ÉPOQUE, MOYEN-AGE.

— —

Pendant qu'Auguste élevait sa toute-puissance sur les ruines du gouvernement républicain, si vainement défendu par l'assassinat du plus illustre des Citoyens romains, un Enfant recevait le jour dans une étable du village juif de Bethléem, et le culte nouveau que cet enfant allait introduire devait changer la face du monde !

L'aveu libre des peuples n'avait pas sanctionné l'usurpation de César et d'Auguste. Ils n'étaient parvenus à la souveraine autorité que par l'appui et, en quelque sorte, par l'omnipotence des armées dont les intérêts ne se confondaient plus avec ceux de la patrie.

D'un autre côté, les liens qui attachaient entre eux les citoyens s'étaient, comme cela s'est plus malheureusement renouvelé de nos jours, affaiblis par l'extension, sans mesure, des limites de l'empire, et par le défaut d'homogénéité des inclinations et des mœurs de tant de peuples réunis sous les mêmes lois : car, lorsque les petits États qui entouraient Rome eurent été subjugués, le sénat, pour s'attacher leurs habitants, leur accorda, d'abord, divers priviléges...; par la suite ils devinrent Citoyens Romains.

Peu à peu, ce titre fut, pour échapper aux exactions et aux avanies, avidement

recherché par toutes les nations conquises ;
le territoire que chacune d'elles occupait
forma une des provinces de l'empire , provinces d'une étendue presque égale à celle
des plus puissants États modernes.

Auguste , luttant avec succès contre les
obstacles opposés à l'accomplissement de
ses vues, rétablit l'ordre et fit oublier
l'origine de sa puissance par la sagesse et
par l'éclat de son gouvernement.

Il encouragea l'Agriculture et le Commerce (1) , et honora ceux qui s'y consacraient ; plusieurs de ses successeurs suivirent son exemple. Les trésors de Ptolé-
mée transportés à Rome , et les richesses
acquises par les préteurs et par les procon-
suls, y rendirent l'argent si abondant, que
les propriétés doublèrent rapidement de
valeur (2) et que des sommes énormes purent être consacrées à les embellir. L'a-
mélioration des terres fut aussi excitée par
le charme attaché à la poésie de Virgile et
par les ouvrages de Pline , de Columelle,
de Palladius , publiés sous le règne des

Césars. Caton est le seul des auteurs géoponiques romains, dont les écrits sont parvenus jusqu'à nous, qui appartienne à
une époque antérieure à la chute de la république. Varron, qui y avait assisté, n'é-
crivit que postérieurement, à l'âge de
80 ans, son traité *de Re rusticâ*.

Mais à mesure que les mœurs se cor-
rompirent, et que le caractère des citoyens
s'avilit, le goût du luxe, l'amour effréné
des spectacles et des plaisirs, firent négliger et dédaigner les travaux rustiques.
On ne trouva plus, hors des villes, de jouissances que dans les parcs ornés de toutes
les merveilles de l'architecture et de l'art
statuaire. Ils se multiplièrent tellement,
qu'il fallut tirer des grains de la Sicile,
de l'Afrique et de l'Égypte. L'*Italie ne
fut plus que le jardin de Rome.*

La beauté de ces nombreuses retraites
consistait en allées d'arbres bien soignées,
en bosquets qui s'appuyaient aux ailes des
bâtiments et qui s'étendaient au loin; en parterres agréablement dessinés; en vergers

couverts d'arbres chargés des plus beaux fruits; en jets d'eau s'élançant dans les airs et retombant en gerbes; en viviers où on nourrissait, à grands frais, les poissons les plus rares (*). Elles étaient ornées d'habitations élégantes, de Temples, de Colonnes, de Statues. Leurs propriétaires y entretenaient, au rapport de Varron, des paons et même des grives; des cerfs, des sangliers, des chevreuils et des loirs; ils y en-

---

(*) Dickson, se fondant sur le témoignage de Pline, énonce que le vivier de Lucullus fut vendu, ainsi que celui d'Herrius, plus de 53,000 livres sterling, c'est à dire plus de 1,320,000 fr. de notre monnaie. Il cite un grand nombre d'autres preuves des immenses richesses des Romains. Mais comme leur manière de compter a donné lieu, entre les savants, à beaucoup de controverses, et que l'on peut, par exemple, avoir confondu, quelquefois, la valeur exprimée par le mot *sestertius* avec celle que représentait le mot neutre *sestertium*, dont l'emploi faisait supposer la suppression préalable de *mille*, je m'abstiens de toute autre citation de ce genre.

graissaient aussi des limaçons pour leur table.

Les plus anciens jardins de Rome étaient ceux de Tarquin le Superbe, situés sur le mont Esquilin. — Entre les plus renommés d'une époque moins reculée, je citerai ceux d'Agrippine et de Domitien le long du Tibre ; de Galba sur la Voie auré- lienne ; de Géta à la place qu'occupént le palais Farnèse et ses dépendances ; de Lucullus remplacés par ceux des Médicis ; de Pompée hors la ville ; enfin ceux de Salluste sur le mont Quirinal. Ce célè- bre historien y réunit les richesses im- menses qu'il avait rapportées de sa préture d'Afrique. Ils appartinrent, depuis, aux Empereurs qui en préféraient le séjour à celui de leurs palais.

Le bon goût ne fut pas toujours consulté dans la disposition et dans l'arrangement de ces jardins (3). Oubliant que la végétation, dans ses caprices, tend sans cesse à dé- truire les proportions et les formes réguliè- res, on y tailla des arbres en simulacres

d'animaux, en lettres, en chiffres, en orne-
ments d'architecture, ainsi qu'on s'en est
avisé, de nouveau, dans les derniers siècles.

Le luxe des campagnes ornées s'étendit
bientôt dans les provinces. Lucullus fit
creuser dans sa *Villa*, située à Baies, près
de Naples, des canaux qui communiquaient
avec la mer et dans lesquels il nourrissait
des poissons de toute sorte. Le même Lucullus, si renommé par ses profusions et
ses richesses, avait fait percer, pour arriver plus facilement à cette même villa,
un chemin à travers le mont Pausilippe.

Les maisons de campagne de Cicéron,
au pied de la montagne de *Tusculum*,
de Catulle sur les bords de l'*Anio*, au territoire des Sabins, de Mécène et d'A-
drien près de Tivoli, n'étaient pas moins
remarquables par leur richesse et par leur
élégance.

On imagina, pour accroître l'agrément
de ces délicieux séjours, des jardins sus-

pendus (*Pensiles*) (*), espèces de serres
établies sur des chariots, au moyen desquels on les changeait de place pour
donner aux plantes qu'on cultivait, ainsi
que cela se pratique encore au nord de
l'Europe, l'exposition qui leur convenait
le mieux. Ces serres ambulantes étaient couvertes de pierres spéculaires (vraisemblablement de mica ou de gypse), qui donnaient
passage aux rayons du soleil. Par cet ingénieux artifice, que l'emploi habituel du
verre (4) a permis de porter à un plus haut
degré de perfection, on se procurait, en
toute saison, des légumes, des fleurs et des
fruits. Pline rapporte qu'à l'aide de ce procédé on servait, tous les jours de l'année,
des concombres sur la table de Tibère.

Les Grecs, qui n'eurent pas moins de
goût que les Romains pour les campagnes

(*) « *Horti pensiles rotis promovebantur ad so-*
» *lem, rursusque hibernis diebus, intra specula-*
» *rium munimenta revocabantur.* »   (PLINE.)

ornées, s'attachèrent à y procurer l'abondance des eaux. On admirait surtout les magnifiques jardins que Pisistrate et Cimon entretenaient à Athènes et qu'ils rendirent publics.

Il s'en fallait, d'ailleurs, de beaucoup que l'on fût alors en jouissance de tout ce qui fait aujourd'hui la parure de nos jardins, ou peut contribuer à la délicatesse et au luxe de nos tables.

Les Romains, principalement, furent, pendant long-temps, privés d'un grand nombre d'arbres à fruits comestibles (5). Ils durent aux Athéniens le Poirier, le Prunier, l'Olivier et le Figuier; aux Crétois, le Cognassier : le Pêcher, l'Amandier et le Noyer aux Perses; le Citronnier aux Mèdes, le Châtaignier aux Sardes. Le Prunier ne devint commun qu'au temps de Pline : l'introduction du Grenadier date de cette même époque. Lucullus apporta le Cerisier du royaume de Pont.

Le nombre des espèces d'arbres qui concouraient à l'agrément des parcs par leur

13

ombre, et par les guirlandes de vignes qui
les unissaient (*), était également assez
borné. On connaissait à peine le Mûrier;
on crut même, pendant long-temps,
qu'il produisait naturellement la Soie. Les
étoffes fabriquées de cette riche matière
venaient de l'Inde; elles étaient le signe du
plus grand luxe, et les femmes seules s'en
permettaient l'usage. Le voluptueux et dis-
solu Héliogabale fut le premier empereur
qui osa s'en parer; ce ne fut que sous le
règne de Justinien que la Soie devint moins
rare en Europe. A cette époque, des moines
eurent l'adresse de rapporter de l'Inde à
Constantinople, dans des tiges de bambou,
des œufs du ver qui la fournit (6).

On doit à Strabon la première descrip-

_____

(*) La vigne était si haute en Italie, qu'on avait
établi comme règle que le propriétaire ferait enterrer et brûler, à ses frais, l'ouvrier qui, en la tail-
lant, tomberait et mourrait de sa chute. Un seul
cep donnait par an jusqu'à douze amphores ou un
muid et demi. L'usage des ceps élevés, qui s'est
conservé au delà des Alpes, se retrouve dans les

tion de la Canne à Sucre (7). Il en parle
comme d'*un Roseau qui donne du miel*.
La petite quantité de sucre qui s'importait
de l'Inde en Europe n'était employée qu'en
médicaments.

J'ai dit que les grains nécessaires à la
consommation de Rome venaient des provinces conquises. Une pratique imprudente, l'*Annone* (*), consistant en distributions journalières fournies par les greniers
publics (8), contribua puissamment, en
laissant sans inquiétude sur les approvi-

vergers et jardins d'un assez grand nombre de départements du midi et même du centre de la
France, sous le nom de *hutins* ou *hautains*.

(*) Le mot *Annona* signifia, en premier lieu,
une provision pour un an; il fut ensuite employé
pour spécifier les distributions, faites des magasins publics, et appliqué à celles de grains. Il y
eut même, ainsi qu'on l'a vu aux documents supplémentaires (*L*), les navires de l'Annone (*Naves
annotinæ*), qui faisaient un service régulier d'A-
lexandrie au port d'Ostie.

sionnements, à faire négliger la culture
des terres.

Ces livraisons, gratuites d'abord, puis
remplacées par des ventes à bas prix, furent renouvelées par César et continuées par
Auguste, tant qu'ils eurent besoin de la faveur du peuple; mais, lorsque l'autorité du
dernier se fut affermie, il les réduisit au
temps de disette et au soulagement des pauvres. Néron, qui les avait rétablies, les fit cesser après l'incendie de Rome. Ses successeurs y eurent de nouveau recours; ils firent
même distribuer du pain au lieu de blé.

Pour suffire à tant de largesses sans sur-
charger le trésor public, on imposa, sur
tous les biens, un droit de dîme non rache-
table en argent. Les terres consacrées au
culte, ou qui dépendaient du domaine du
prince, en furent seules affranchies. Celui
qui ne satisfaisait pas à cette redevance
était condamné à une fourniture double
pour l'année suivante, et quadruple s'il y
avait récidive. Cette dîme, désignée sous
le nom de *frumentum decumanum*, se li-

vrait gratuitement. Lorsqu'elle ne suffisait
pas à l'approvisionnement des greniers publics, on obligeait les propriétaires ou les
fermiers au versement d'un second dixième
de leur récolte ; c'était le *frumentum æsti-
matum*. Il se payait à un prix fixé par le
sénat. Enfin, s'il devenait encore insuffi-
sant, on pourvoyait à la consommation
par des achats effectués au prix marchand ;
le blé ainsi emmagasiné s'appelait *frumentum emptum*. Il y avait aussi le *frumentum honorarium*, que les provinces offraient aux préteurs en pur don.

Les distributions gratuites, ou l'*annone*,
auxquelles soixante mille personnes eurent
part dès le temps de la République, furent
étendues par César à une population de trois
cent vingt mille ames, et réduites ensuite de
moitié ; mais, postérieurement, elles s'élevèrent, sous le règne de Sévère, jusqu'à
soixante-quinze mille boisseaux par jour.
Sous Constantin, on les évaluait à huit
millions de boisseaux par an, chaque boisseau du poids de vingt livres, ce qui forme

l'équivalent de la nourriture annuelle de
trois cent cinquante à quatre cent mille
personnes de tout âge et de tout sexe. Des
flottes servaient exclusivement au transport
de ces grandes provisions. La circulation
dans l'intérieur était facilitée par les magnifiques chemins qui traversaient l'empire
dans toutes les directions, et dont les traces se suivent et s'admirent encore après
vingt siècles.

Comme les fonds de terre étaient alors
hypothéqués en garantie du paiement des
impôts, il en résulta une augmentation gra-
duelle du nombre des petits propriétaires
dépossédés. Beaucoup d'entre eux furent
forcés de s'expatrier ou de se soumettre à
l'esclavage. Le fisc se trouva ainsi avoir à
sa disposition de vastes domaines devenus
incultes. Les empereurs les livraient à de
nouveaux possesseurs que l'énormité des
charges qui pesaient sur eux ruinait à leur
tour. Aussi vit-on, au déclin de l'empire,
dans les contrées les plus fertiles de l'Italie,
de l'Asie et de la Gaule, de vastes contrées,

dépeuplées et incultes, qui se distribuaient aux soldats étrangers, et dont une partie passa, plus tard, entre les mains des moines.

Afin de se débarrasser d'une multitude d'affranchis et de fils d'affranchis, sans occupation et sans ressources, qui troublaient l'ordre public, on les envoya dans les provinces conquises éloignées. La formation de ces colonies avait pour but de s'assurer de la fidélité de cette foule de prolétaires remuants et inquiets. « C'était, dit Montes- » quieu, une circulation des hommes de » tout l'univers. Rome les recevait esclaves » et les renvoyait Romains. »

D'un autre côté, pour se soustraire aux insurrections des armées, les empereurs cherchèrent à affaiblir l'esprit de corps des troupes par leur fusion avec des étrangers; mais cet amalgame, en privant l'empire d'une partie de ses défenseurs naturels et en peuplant les provinces du rebut de toutes les nations, énerva la force publique,

enhardit les Barbares et prépara leurs succès (9).

Cependant, la religion de Jésus pénétrait,
sous le nom de Christianisme, dans toutes
les parties de l'empire, et le changement
qu'elle apportait dans les croyances religieuses, ainsi que dans les idées politiques,
contribuait à affaiblir le pouvoir temporel,
qui repoussait encore le nouveau culte.
L'esprit de prosélytisme et de domination
des premiers apôtres devint plus ardent
chez leurs successeurs. La fougue de leurs
prédications, si contraires à la sagesse et à
la pureté de la morale du Christ, porta ombrage aux empereurs et les excita à s'éloigner du système de tolérance religieuse
qui avait, de tout temps, distingué les Romains. On confondait, d'ailleurs, à cette
époque, le culte des chrétiens avec celui
des Égyptiens et des Juifs, qui était en

mauvais renom (*). Des mesures sévères, converties bientôt en cruelles persécutions que le fanatisme rechercha, furent prises afin d'éloigner de l'Italie ses sectateurs, à qui on s'en prenait de la décadence de l'empire.

Galère et Constance Chlore, n'ayant pu s'accorder comme leurs prédécesseurs l'avaient fait depuis Marc-Aurèle (10), se partagèrent les provinces et l'autorité souveraine. Bientôt après, Constantin, devenu chrétien, attacha son nom à une cité nouvelle et la choisit pour sa capitale. Alors, Rome déshéritée vit sa prospérité s'éva-

(*) « Il fut question, dit Tacite, de purger l'I-
» talie de la religion des Égyptiens et des Juifs.
» Quatre mille hommes de race d'affranchis, in-
» fectés de cette superstition, furent envoyés en
» Sardaigne, pour y servir à réprimer les brigan-
» dages ; si l'air malsain les faisait périr, la perte
» n'était pas grande. Ordre à tout le reste de quit-
» ter l'Italie, ou de renoncer à leur culte profane
» dans un jour marqué. »

nouir et passer en Orient avec ses richesses.
Les blés d'Égypte furent enlevés à l'approvisionnement de l'Italie, pour être transportés à Constantinople, où l'usage de
l'*Annone* fut conservé.

Constantin, ayant éloigné, et dispersé
dans les provinces, les légions placées sur
les bords des grands fleuves, aux frontières
de l'empire, détruisit, par cette imprudente mesure, la barrière qui contenait les
étrangers, ou *Barbares*, car, dans l'origine, ces deux mots furent synonymes (11).

Une autre cause de perturbation immédiate résulta de la loi qui déclara libres
tous les esclaves qui se feraient chrétiens.
Les querelles de religion devinrent en
même temps aussi redoutables que les invasions qu'elles favorisaient. Pendant qu'on
s'occupait d'arguties scolastiques et de disputes théologiques, les Goths et les Huns
se partagèrent les dépouilles du peuple depuis long-temps roi des autres peuples.
Alaric mit Rome au pillage, Attila étendit
de tout côté ses dévastations, les Francs

envahirent les Gaules , les Visigoths l'Espagne ; Théodoric fonda le royaume de
Ravenne. L'empire d'Occident croula de
toute part (12).

Celui qui venait de s'élever en Orient,
après avoir lutté péniblement pendant huit
siècles, succomba à son tour. L'étendard
du croissant, que Mahomet avait planté à
côté de la croix des chrétiens, finit par la
remplacer sur les temples et les palais de
Constantinople.

Durant la longue période sur laquelle je
viens de jeter un regard rapide et attristé,
les cultivateurs eurent encore quelques mo-
ments de calme et même de prospérité. Si
Rome eut ses Néron et ses Caligula, elle eut
aussi à se glorifier de ses Trajan, de ses
Adrien, de ses deux Antonins. D'autres
empereurs encouragèrent la culture des terres. Constantin lui-même, malgré son zèle
de néophyte pour la religion qu'il venait
d'embrasser, permit, par un édit, aux habitants de la campagne de se livrer, le dimanche, à leurs travaux , « attendu, porte

» l'édit, que souvent la perte d'un jour ne
» peut être réparée par le jour suivant;
» qu'ainsi l'on courait risque de laisser per-
» dre les biens qu'il plaisait au ciel de nous
» envoyer; » motifs pleins de sagesse, mais
promptement mis en oubli par ceux qui
trouvèrent leur intérêt à attacher plus d'importance aux pratiques extérieures qu'aux
vérités fondamentales de la foi. On se borna
à retrancher les fêtes célébrées à l'époque
des moissons (*) et à les renvoyer au dimanche qui les suivait. Il y avait, dans le
même temps, vacance pour les tribunaux.

Justinien, secondé par l'illustre Bélisaire, rendit momentanément à l'empire
une partie de sa puissance et de sa gloire,
et fit cesser la confusion qui régnait dans
les lois. Les codes qu'il publia, avant d'a-
voir terni l'éclat de son règne, ont servi de
fondement à la législation moderne; ils

(*) Les Juifs célébraient aussi la moisson. « Vous
» célébrerez la fête de la moisson et des prémices
» de votre travail. » (*Exode*, chapitre 23, verset 16.)

fixèrent et définirent la propriété, et réglè-
rent les obligations réciproques des propriétaires.

La décadence de l'empire avait préparé,
dans les Gaules, en Espagne et dans la
Grande-Bretagne, l'établissement de monarchies nouvelles. Ce grand changement
s'effectua dans le cours du v⁰ siècle de notre ère, peu avant le règne éphémère d'Augustule, dernier des empereurs d'Occident; mais ce ne fut guère qu'au commencement du siècle suivant, après le baptême
de Clovis, que ces monarchies se consti-
tuèrent avec quelque apparence de régularité. Leurs chefs reconnurent la suprématie
des empereurs, dont ils conservèrent, à
quelques égards, la législation. Ils briguè-
rent même, comme un honneur, les grandes
dignités de l'empire. Nous voyons des choses semblables se passer en Turquie et y
préparer la dissolution de l'empire otto-
man.

La condition de différentes classes de la
société n'éprouva donc, dans les premiers
temps, que de légères modifications. Il n'y
eut de révolution définitive dans les mœurs
et dans les devoirs civils qu'à la fin du
vIII\e siècle, lorsque Charlemagne rétablit
l'empire d'Occident. Ses institutions et ses
Capitulaires devinrent, sous des successeurs
inhabiles, le principal appui, et, en quelque sorte, la sanction du gouvernement
féodal, préparé par la faiblesse ou l'inca-
pacité des rois de France de la première
race, développé et fortifié après le règne de
Charles le Gros; enfin, appesanti pendant
long-temps sur l'Europe, et dont les traces
ne sont pas partout effacées.

Quelques écrivains ont parlé de la FÉODA-
LITÉ comme d'une conception subite, merveilleuse, dont l'histoire ancienne n'avait
pas fourni le modèle. Jupiter, en tant que
dieu, a pu faire sortir de son cerveau Minerve tout armée; mais les hommes n'ont

pas un tel pouvoir. Le régime féodal, qui
est leur ouvrage, n'a donc pas été créé
ainsi d'un seul jet; il est le résultat, appliqué à l'avantage de quelques uns, d'une
situation antérieure dominante; j'entends
désigner par là le mode de possession des
terres et de servitude des cultivateurs. Les
Barbares étendirent seulement plus loin que
les Romains l'oppression des peuples. Ce
qui a suivi, sous le rapport politique, en a
été la conséquence.

Les Romains distribuaient les propriétés
rurales des vaincus entre leurs concitoyens.
Les chefs des Barbares les accordaient à
leurs compagnons (*comites*) (13), c'est à
dire à ceux qui, s'étant attachés à leur sort,
leur avaient promis fidélité et s'enrôlaient
sous leurs drapeaux.

Les premiers imposèrent un CENS aux do-
nataires sans s'attribuer aucun droit politique; les seconds exigèrent d'eux CENS ET
HOMMAGE par la fusion et la réunion de la
souveraineté à la propriété. C'est ce qui, en
constituant la dépendance appelée *vassa—*

lité, conduisit au GOUVERNEMENT FÉODAL, espèce d'aristocratie oligarchique, constituée aux dépens de l'autorité du monarque et du bien-être des peuples.,

L'influence exercée, pendant plus de cinq cents ans, par ce système oppresseur, rend nécessaire un exposé sommaire de son mécanisme. Ce n'est même qu'en le faisant connaître qu'il me deviendra possible de donner une juste idée de la situation déplorable de la classe nombreuse assujettie à la culture des terres , et d'expliquer comment se perdit la tradition des bonnes méthodes que l'expérience des anciens avait consacrées. D'ailleurs, le silence des écrivains sur tout ce qui concerne l'agriculture de cette époque ne laisse de possibilité d'écrire son histoire qu'en rappelant les institutions dont le sort des cultivateurs dépendit. D'affligeantes déductions viendront alors s'offrir d'elles-mêmes à la pensée de mes lecteurs (*).

(*) En consultant et en comparant les documents

J'ai déjà fait mention des distinctions
établies, chez les Romains, entre les escla-

les plus authentiques sur les institutions romaines
et sur le système politique, qui se confondit bientôt
après avec elles, et les dénatura, je n'ai rien négligé pour en donner une idée claire et précise, soin
que n'ont pas toujours pris ceux qui ont traité
le même sujet ; j'espère avoir atteint mon but. J'a-
jouterai que, dans tout le cours de cet écrit, je ne
me suis jamais fié à ma mémoire ; j'ai eu constam-
ment sous les yeux les très nombreux matériaux
que j'avais, préalablement, recueillis, et auxquels
j'ai appliqué la méthode éclectique.

Si je n'ai pas toujours indiqué les sources où j'ai
puisé, c'est pour éviter des méprises, ayant, quelquefois, omis d'en faire mention sur mes notes.
Quand j'ai cité littéralement, j'ai eu soin de l'anno-
ter par les guillemets qui accompagnent la ré-
daction à laquelle je n'ai pas participé.

Ayant été prévenu, lorsque j'ai livré mon manuscrit à l'impression, qu'il existait déjà une histoire de
l'agriculture par M. Rougier la Bergerie, je me suis
empressé d'en prendre connaissance, et j'ai acquis

14

ves à titre personnel, les serfs et les colons (*). Ces classifications, sur lesquelles
je dois revenir pour mieux montrer comment elles furent mises à profit pour l'établissement de la Féodalité (14), ces classifications se conservèrent dans les provinces
conquises, qui devinrent successivement
partie intégrante de l'empire. Après l'irruption des Barbares, cet état de choses
ne fut que modifié. Chaque peuple, en
s'attachant à un nouveau souverain, con-

la preuve qu'elle n'avait, avec le précis que je pu-
blie, de rapport que par le titre; le volume in-8°
de 464 pages que j'ai sous les yeux est entièrement
rempli par un long discours préliminaire et par
une *Notice sur l'empire des Gaulois*, qui forme une
partie seulement de l'*introduction de l'ouvrage an-
noncé*, mais non publié, sur l'agriculture française
considérée, d'après le titre, dans ses rapports avec
les lois, les cultes, les mœurs et le commerce. Quelques pages sont à peine consacrées à des considérations sur l'agriculture des Gaulois.

(*) Voyez première époque, page 61 et note 18°.

serva ses mœurs et ses habitudes. Les institutions postérieures en gardèrent l'empreinte.

Dans les Gaules, ainsi que dans les autres provinces devenues romaines, les
hommes libres des cités étaient divisés en
trois classes :

La première comprenait les familles mu-
nicipales, ou sénatoriales ;

La seconde, celles qui possédaient des
biens-fonds dans le district de la cité, et
qui n'exerçaient que des professions répu-
tées honorables ;

La troisième était composée d'affranchis
et de fils d'affranchis ; les artisans et les
possesseurs de terres soumises à des redevances appartenaient à cette classe. Ils
sont désignés, par les écrivains du moyen-
âge, sous les noms d'*Arimani*, de *Conditionales*, de *Tributarii*, etc. Il y avait
parmi eux des possesseurs de *Manses* (15),
ou petits domaines, et des fermiers de propriétaires voisins, plus riches.

Immédiatement au dessous d'eux étaient les Vilains (*Villani*), qui passaient, avec la métairie qu'ils exploitaient, à celui qui en devenait acquéreur. Ils différaient des esclaves par la rente fixe qu'ils étaient tenus de payer (16).

Enfin, au dernier rang de l'échelle était la classe immense des esclaves (17).

Dans cette classe infortunée, sur laquelle le maître avait droit de vie et de mort, les deux sexes pouvaient se mêler ensemble ; mais, de même que dans nos colonies fondées sur le système d'esclavage, leur union qu'on encourageait n'était pas réputée mariage.

On distinguait les esclaves des hommes libres par un habit particulier et par le devoir qui leur était imposé de se raser la tête. Lorsqu'ensuite ils furent attachés à la glèbe (*adscripti glebæ*), on les vendit avec la terre ; alors ils purent se marier du consentement de leurs maîtres. On ne supposait pas, d'ailleurs, qu'il fût possible de mettre un domaine en valeur sans esclaves. Ils faisaient partie du cheptel; on les estimait comme les bestiaux, les engrais et les instruments de culture.

On désignait sous le nom de Fiscalins (*Fiscalini*) les colons du fisc, et sous celui d'*Aldions* et de *Lides* les esclaves, ou attachés aux terres aux mêmes conditions que les colons, ou chargés de la surveillance des autres esclaves.

Les Hommes du Roi, les Hommes ecclésiastiques furent, postérieurement, les colons esclaves, appartenant au prince, ou à l'Église.

Les Tributaires (*Tributarii*) étaient également attachés aux terres à des conditions particulières, et, comme les esclaves, *immeubles*, et aliénables avec les terres.

Les Serfs de biens pouvaient être, à quelques égards, assimilés aux colons partiaires qui payaient une redevance fixe, soit en blé, soit en bestiaux, ou en étoffes. Chez les Germains, ils n'étaient pas dispensés du service militaire. Leur indépendance ne se recouvrait que par la restitution à leurs maîtres de la portion d'héritage foncier qu'ils en avaient reçue.

Les esclaves domestiques, ou *Serfs de corps*, étaient considérés comme *meubles* et se livraient, indépendamment des terres, de même que des effets arbitrairement négociables. Ils habitaient la maison du maître et remplaçaient, pour les services privés, la classe actuelle des domestiques. On les mettait aussi à la disposition des fermiers, des régisseurs ou des colons, pour les aider dans leurs travaux.

Les serfs de corps ne devenaient libres qu'en obtenant une *Manumission*, c'est à dire leur affranchissement, que le maître annonçait ordinairement devant le magistrat qui touchait de la main, ou avec une baguette (*vindicta*), la tête de ceux auxquels il rendait la liberté (*).

____

(*) La formule prononcée par le magistrat était. *Profitemus hunc præsentem hominem esse liberum.* Nous déclarons que l'homme ici présent est libre.

La réparation des violences exercées envers un esclave se réduisait à des compo-
sitions ou à des indemnités qui se payaient
à son maître. Il ne pouvait rien avoir en
propre ; et rien dans sa condition, hors les
vêtements grossiers qui le couvraient, et
le sentiment de sa dégradation, ne le distinguait des animaux, dont il partageait les
fatigues.

Les affranchissements avaient lieu de
trois manières : par le denier ; devant l'É-
glise; ou, enfin, par déclaration en présence
de témoins.

L'affranchissement *par le denier*, c'est
à dire à prix d'argent, ou sous l'engagement de payer une redevance, conférait à
celui qui l'obtenait le titre d'*Ingénu*, titre qui désignait, chez les Romains, l'état
de parfaite liberté.

Par l'affranchissement *devant l'Église*,
le maître déclarait son esclave *Citoyen Romain ;* muni de cet acte, il devenait l'égal
de l'homme libre, né Romain.

Celui qui était affranchi *par déclaration*

n'acquérait pas une liberté entière. Astreint
à des obligations personnelles, il suivait,
comme les esclaves, les mutations du domaine auquel il était attaché.

L'affranchi était réputé appartenir à la
nation dont le maître qui lui avait donné
la liberté faisait partie.

Telle était la condition des neuf dixièmes de la population de l'Empire romain,
lorsque les Barbares, après l'avoir ravagé,
imposèrent, dans sa division d'Occident,
des institutions et des lois nouvelles. Cette
condition devint plus insupportable encore
par les exactions auxquelles les vainqueurs
se livrèrent (18). Cela seul peut expliquer
comment, en effet, l'établissement du
système féodal apporta quelque adoucisse-
ment passager à la misère publique, et
comment des hommes libres se vouèrent
eux-mêmes, en grand nombre, au servage (19), dans l'espoir d'obtenir la protection de ceux auxquels ils faisaient le
sacrifice de leurs biens et de leur liberté.
Cette soumission ou engagement volon-

taire s'appela Obnexation (*obnexatio*) (*).
On nomma Oblats (*oblati*) ceux qui s'y ré-
signaient ; ce fut , surtout, auprès des évêques et des abbés que les hommes libres
cherchèrent . ainsi un patronage et un
refuge.

Lorsque les peuples sont parvenus à un
tel état de dégradation et d'abrutissement,
et lorsque les princes appelés à les gouver-
ner et à les protéger, vivant dans l'indo-
lence , méconnaissent leurs devoirs les plus
sacrés et les plus impérieux, ceux auxquels
leurs fonctions religieuses, militaires ou
civiles donnent de l'autorité , peuvent satisfaire impunément leur vanité et leur
ambition (20).

Ils firent, effrontément, l'un et l'autre, en

_____

(*) L'*obnexation* dont il est ici question ne doit pas
être confondue avec l'*Obnontiation* (obnuntiatio),
terme consacré aux augures, lorsque, ayant aperçu
quelque mauvais présage , ils faisaient renvoyer à
un autre jour l'explication de l'oracle ou du présage;
ce renvoi s'appelait *Obnuntiatio* ; c'était une sorte
d'opposition à une décision immédiate.

exerçant un pouvoir sans bornes et sans contrôle dans l'étendue de leurs domaines, et en attribuant à la propriété du sol les droits qui constituent la souveraineté : état comparable, à quelques égards, sous le rapport politique, à celui qui résulte encore, mais avec beaucoup moins d'arbitraire et de rigueur, de la constitution des principautés médiates et immédiates de l'Allemagne, réunies en confédération.

La concentration d'immenses propriétés territoriales dans un très petit nombre de mains favorisa cette usurpation des droits politiques. Des prétentions rivales ne tardèrent pas à naître et à rendre ceux qui s'arrogeaient le pouvoir ennemis les uns des autres : elles les exposèrent à des démêlés qui entraînaient des guerres privées et qui ne se vidaient plus que par les armes (21). Ils s'attachèrent donc, respectivement, à étendre leur influence sur tous ceux qui reconnaissaient déjà leur suprématie, ou qu'ils parvenaient à y soumettre.

Le régime féodal reçut, par là, une

sorte d'organisation régulière, et une nouvelle classification de la population s'établit.

Peu à peu, et particulièrement en France,
où Louis le Hutin ordonna, au xive siècle,
que les affranchissements seraient accordés
dans toute l'étendue de ses États, à des conditions justes et modérées, les *Mains-mortables* remplacèrent les esclaves.

Ces mains-mortables étaient astreints,
indépendamment des charges générales qui
concouraient à composer le revenu de l'É-
tat, à certaines obligations envers leurs
supérieurs; par exemple, à des travaux
exécutés par corvées ; à des redevances soit
en argent, soit en denrées, et à des devoirs
et hommages, qui consistaient, souvent, en
témoignages de soumission, ou des plus hu-
miliants, ou entachés de ridicule, comme
l'était l'obligation imposée, entre autres
subjections, aux habitants d'Argenton, d'offrir, à leur seigneur, une alouette placée sur
une charrette traînée par six bœufs.

« Partout, dit Voltaire, les grands pro-

» priétaires terriers voulurent que ni leurs
» vies ni leurs biens ne dépendissent du
» pouvoir suprême d'un roi, et tous l'exer-
» cèrent, autant qu'ils purent, sur leurs
» propres sujets. »

La société féodale fut, dès lors, fondée
sur différents degrés de suprématie (22).
Elle eut, en même temps, pour but, la défense et la conservation des priviléges que
les grands propriétaires venaient de s'arro-
ger. C'était une sorte de fédéralisme aristo-
cratique. Celui qu'on a plusieurs fois tenté
d'introduire en France, par d'adroites ma-
nœuvres, sous le prétexte séduisant de l'intérêt des communes, eût pu le renouveler,
en affaiblissant et en minant insensiblement
l'action du pouvoir central, qui fait notre
force, en ce qu'il conserve et protège l'unité
nationale, l'esprit public et les droits de
tous les citoyens.

Les possesseurs de terres allodiales (*),

(*) Allodiales, d'alleu, mot qui exprimait les

ou propriétés libres, d'une grande étendue, en abandonnèrent des portions à ceux qui les suivaient dans leurs entreprises, et qui combattaient sous leurs drapeaux.

Ces concessions, accordées en récompense de services, s'appelèrent Bénéfices (*beneficiæ*), parce qu'elles étaient gratuites, et Honneurs (*honores*), parce qu'on les regardait comme un témoignage de distinction. Elles reçurent, ensuite, le nom de Fief (*fedum*), dérivé, par corruption, de *Fides*, foi, fidélité (*).

Le droit de faire et rendre justice était, comme celui de redevance, inhérent au fief même.

biens libres propres aux *Leudes* ou *Francs* qui s'étaient arrogé un droit de suprématie sur les Gaulois.

(*) Il convient de distinguer le mot *fedum* de *fredum*, dérivé de *fred* (paix), qui fut, dans l'origine, appliqué, selon Montesquieu, à la récompense de la protection accordée contre le droit de vengeance; la première expression a vraisemblablement remplacé l'autre, lorsque les fiefs furent institués.

Les Bénéfices ou *Fiefs* furent, d'abord, accordés pour un temps limité et à des conditions précises.

Bientôt après, ceux qui en jouissaient les obtinrent à vie, et plus tard, à titre héréditaire. Les grandes charges de la maison des princes se concédèrent alors au même titre d'hérédité, et, par imitation, le droit de primogéniture s'introduisit dans les familles féodales.

Il y eut, dès ce moment, divers degrés dans le vasselage; le roi était appelé *Seigneur Souverain*, son vassal immédiat *Suzerain*, et les bénéficiaires relevant de ce dernier *Arrière-Vassaux*. Chacun fit ses concessions particulières et voulut recevoir des hommages, en dédommagement de ceux auxquels il se soumettait.

> Tout petit prince a des ambassadeurs,
> Tout marquis veut avoir des pages.
> LA FONTAINE.

Les grands vassaux s'arrogeaient, dans leur territoire, toutes les prérogatives

royales; il était même reçu que si le roi re-
fusait de leur rendre justice , ceux-ci pouvaient lui faire la guerre.

L'autorité du roi sur les arrière-vassaux ne pouvait qu'être faible et indirecte.
Saint Louis ayant demandé, aux seigneurs
qu'il avait convoqués pour l'accompagner
en terre sainte, de jurer que, s'il mourait
pendant son expédition , ils seraient fidèles
à son fils..., le sire de Joinville, feudataire
du comté de Champagne , quoique rempli
de vénération et d'attachement pour le roi,
refusa de prendre un tel engagement :
« Mais moi, dit-il , qui n'étais pas subject
» à lui, ne voulus point faire de serement. »

Les hommes libres , possesseurs de propriétés allodiales , qui n'avaient pas reçu de
bénéfices ou fiefs , accompagnaient à la
guerre les princes, ducs ou comtes dont ils
reconnaissaient la suprématie. Ils devinrent
les défenseurs les plus dévoués du souverain , qui pouvait, d'ailleurs , exiger
d'eux le service militaire , sous peine de
payer une forte amende , imposée en exé-

cution des conditions du *Herreban* (*).

Le nombre des petites propriétés libres de tout engagement diminua successivement, par suite de la nécessité à laquelle la plupart de leurs possesseurs furent réduits, au temps surtout de l'invasion des Normands, de se résigner au service féodal, pour obtenir le patronage de quelque seigneur puissant ; car il ne restait plus d'autre moyen d'éviter les avanies et le pillage. Il devint même indispensable, dans quelques contrées, de reconnaître un supérieur, ou *seigneur-Lige* et de relever de lui. De là cette maxime : *Nulle terre sans seigneur.*

Les gens d'Église ne restèrent pas indif-

(*) Le mot *herreban* est d'origine tudesque : c'était, à proprement parler, le mandement ou la publication du seigneur, annonçant l'obligation de se trouver en armes, sous peine d'amende, à un rendez-vous désigné.

férents au changement qui s'était opéré
dans l'ordre social ; ils en profitèrent am-
plement. Il arriva même que beaucoup
de propriétaires de terres les donnèrent
aux évêques ou aux monastères , pour les
reprendre eux-mêmes *à cens*, croyant, par
ces pieuses donations, obtenir l'absolution
de leurs péchés, et la protection alors toute-
puissante du clergé.

Déjà ses richesses foncières étaient immenses (23). Ne suffisant pas encore à son
avidité, et son crédit s'accroissant avec les
progrès de l'ignorance et de l'asservissement
des peuples, il percevait, en outre, avec rigueur, à l'instar de l'impôt établi par les
Romains sous le nom de *frumentum decumanum,* la dîme en nature sur tous les produits du sol.

Les évêques de Rome, distingués défini-
tivement des autres prélats sous le nom de
Papes, depuis les concessions de l'empereur
Phocas (*), et réunissant la puissance tem-

(*) En 607, Boniface III, élu pape, envoya des

porelle à leur suprématie sur toute la Chré-
tienté, profitèrent habilement de cette
double puissance pour mettre hors du sein
de l'Église, par des excommunications, les
princes qui, jaloux de conserver leur indépendance, cherchaient à contrarier leurs
projets ambitieux.

L'esprit de prosélytisme et d'intolérance,
qui avait porté tant d'ombrage aux premiers
Empereurs, s'était fortifié; de persécutée
qu'elle était, la religion catholique romaine
était devenue persécutante. L'extrême crédulité, non seulement du peuple, mais des
classes les plus élevées de la société, favorisait toutes les entreprises des souverains
pontifes. Dans une telle disposition des
esprits, le pape Urbain n'eut pas de peine
à profiter du fanatisme d'un simple pélerin
d'Amiens, désigné aujourd'hui sous le nom

légats à l'empereur Phocas, qui reconnut que le
siége de Rome devait avoir la primauté dans l'E-
glise, et défendit, à Cyriaque de Constantinople, de
prendre le titre de Patriarche œcuménique.

de *Pierre l'Ermite* (*), pour mettre à profit la crainte qui s'était répandue de la fin du monde, frapper les imaginations, exalter les têtes, et décider, par des distributions d'indulgences et par les promesses les plus séduisantes, la population de l'Occident à arborer l'étendard de la croix et à se précipiter vers l'Orient, pour combattre et anéantir le mahométisme (24).

Le fanatisme religieux rechercha et obtint l'effet que, de nos jours, dans d'autres vues, et pour un autre but, le fanatisme politique des premiers émigrés français a produit. On déclarait lâches et infames ceux qui refusaient d'aller, en terre sainte, chasser les infidèles, ou attendre,

_____

(*) Son nom était *Cucupiètre*. Godefroy de Bouillon lui confia la conduite d'une partie des troupes rassemblées par le succès de ses prédications, et qui formèrent la première croisade. Le moine *Técélin* (saint Bernard), premier abbé de Clairvaux, prêcha la seconde, avec un zèle non moins fougueux, mais il ne ceignit pas l'épée comme son devancier.

prosternés au pied du saint sépulcre, la
venue promise du Seigneur.

Plusieurs princes vendirent, ou engagèrent une partie de leurs États, pour subvenir
aux dépenses énormes que nécessitaient des
émigrations si peu sensées. Ces croisades
imprudentes, renouvelées cinq fois dans
l'espace d'un siècle et demi, malgré l'expérience acquise par de premiers désastres,
accrurent l'abandon des terres cultivées :
elles coûtèrent à l'Europe, déjà dépeuplée,
deux millions d'hommes et des sommes
énormes (25). Leur résultat le plus avanta-
geux, et tout à fait imprévu, émana de
l'heureuse impulsion qu'elles donnèrent au
commerce et de l'influence qu'elles exer-
cèrent, généralement, sur l'état de la propriété (26).

Elles déterminèrent, en effet, beaucoup
d'immunités accordées par les seigneurs à
leurs vassaux, et facilitèrent, en affaiblissant l'aristocratie féodale, l'émancipation
des communes (27). — Cet événement servit, avec la réunion successive d'une partie

des grands fiefs sous l'autorité des *Princes souverains*, de transition à un autre système politique, à la faveur duquel la classe intermédiaire sortit, enfin, de son état d'assujettissement, et profita de l'esprit de vertige qui avait conduit ses oppresseurs à détruire, à la fois, leur puissance et leurs richesses, en abandonnant le sol de la patrie, pour se livrer à la plus aventureuse des entreprises.

A cette époque mémorable, le commerce et l'industrie de plusieurs villes d'Italie, du nord-ouest de l'Allemagne et de la Flandre s'élevèrent, par le concours de leurs associations, à un haut degré de splendeur.

Dans le même temps, les communes commencèrent, en Angleterre, à intervenir dans le gouvernement. — La grande charte que le roi Jean avait signée en 1214 ayant posé les bases de leurs droits, elles furent définitivement admises dans le parlement en 1343.

Partout des efforts furent faits, avec plus

ou moins de succès, pour mettre fin aux
empiètements du despotisme, comprimer
l'anarchie et dissiper les ténèbres de l'ignorance (28), ténèbres si épaisses, anarchie
si grande, qu'une institution qui n'appa-
raît plus, de nos jours, que sous son côté
ridicule, ne contribua pas moins à polir et
à adoucir les mœurs, qu'à mettre un terme
aux déprédations organisées des possesseurs
de fiefs. — Je veux parler de la CHEVALERIE,
dont l'établissement fut provoqué par des
sentiments nobles et généreux, mais expri-
més et mis en action selon les préjugés et
les mœurs du temps (29); — tant il est vrai
que, pour apprécier sainement les faits
historiques, on ne doit pas les isoler des
circonstances qui les ont produits. L'erreur serait, ou d'en excuser les causes premières, ainsi que quelques écrivains pas-
sionnés de nos jours semblent l'avoir pris à
tâche, ou de vouloir, comme ils l'oseraient
s'ils en avaient le pouvoir, que ce qui,
mauvais en soi, a été accidentellement
remède à un plus grand mal, fût maintenu

ou rétabli, lorsque les mêmes circonstances n'existent plus.

Cette observation est particulièrement applicable au MONACHISME, autre genre d'institution qui, comme la chevalerie, avait dû, aux malheurs publics, son origine et son utilité passagère, effacée par le mal immense que les dominicains, les frères mendiants et les jésuites ont fait au monde, mal qui n'a pas été suffisamment compensé par les soins intéressés que ces derniers ont donnés à l'instruction de la jeunesse.

Ce fut en Égypte, dès le iiie siècle, que commença la vie monastique (30). — De nouveaux chrétiens, par exaltation religieuse, et, quelques uns, peut-être aussi par désir de célébrité, car la vanité humaine revêt toutes les formes, se retirèrent dans le désert, pour s'y vouer à la contemplation et à la prière. Ces premiers anachorètes eurent bientôt des disciples.

Alors il vint à d'autres l'idée de s'associer

pour vivre sous une règle commune. Leur exemple trouva de nombreux imitateurs, les uns entraînés par une excessive dévotion, d'autres par dégoût réel du monde, ou pour se livrer plus tranquillement à l'étude.

Cette passion nouvelle s'étendit de l'Égypte en Syrie, dans la Palestine et dans toute l'Asie-Mineure, d'où, comme une épidémie, elle gagna rapidement l'Occident. Mais un demi-siècle s'était à peine écoulé depuis la fondation des premiers monastères, que les Empereurs, et plus tard les Conciles, pour réprimer le zèle indiscre des moines, qui menaient une vie oisive et vagabonde autant que déréglée, et qui se livraient à l'esprit de sédition, leur interdirent le séjour des villes.

L'édit par lequel le premier des Constantins déclara libres les esclaves qui se feraient chrétiens avait peuplé les cloîtres d'hommes robustes et sans ressources, habitués à la culture des terres. Les fondateurs de quelques monastères, tels que saint Ba-

sile, saint Benoit et saint Maur, surent tirer habilement parti des habitudes labo-
rieuses de ces hommes, en imposant, à tous
les moines de leur obédience, l'obligation
d'un travail manuel : accueillant et mettant
à profit les procédés les plus utiles de l'a-
griculture, ils défrichèrent et rendirent
fertiles les lieux, presque déserts, où ils s'é-
taient fixés.

La Lombardie leur dut l'art des irriga-
tions. Dans quelques cantons de la France,
ils resserrèrent et retinrent, par des chaussées, les eaux qui couvraient le sol, et convertirent, ainsi, des marais insalubres, en
vastes étangs dont la pêche facilitait l'ob-
servance de leur règle (31).

A l'époque de ces utiles travaux, les
monastères devinrent, en tous lieux, le refuge de ceux qui voulaient échapper aux
vicissitudes de la vie mondaine et se con-
sacrer à l'étude. Ce fut le temps de leur plus
grande splendeur.

Mais dès que les cloîtres ne s'ouvrirent
plus qu'à titre onéreux, les moines qui les

peuplaient ne tardèrent pas à se laisser do-
miner par l'amour des richesses, et à rechercher une vie sensuelle et opulente.

Il est nécessaire de dire, pour expliquer
ceci, que la plupart étaient laïcs, et que
leur admission successive dans les monastères n'avait lieu que sous la condition ex-
presse de faire l'abandon de tous leurs
biens à la communauté qui les recevait dans
son sein, comme une secte audacieusement
désorganisatrice, greffée sur le jésuitisme,
et, ainsi que lui, plus politique que religieuse, a cherché récemment à le rétablir.
Ces donations réitérées, accrues par toutes
celles que des personnes pieuses faisaient
journellement, rendirent immenses les propriétés rurales d'un grand nombre de couvents. La culture, abandonnée, presque exclusivement, à des esclaves ou aux serfs
attachés à la glèbe, y fut de nouveau négligée.—Bientôt après, la fondation des ordres
mendiants créa, à l'instar du pèlerinage,
une sorte d'encouragement au vagabon-
dage et à l'oisiveté. L'utilité de l'institution

monastique se concentra, dès lors, dans un petit nombre de corporations religieuses qui se vouèrent à l'éducation et à l'instruction de la jeunesse, et qui entreprirent d'immenses travaux littéraires ou scientifiques.

Ces corporations contribuèrent aussi, lorsque l'art d'employer les chiffons de toile de lin et de chanvre à fabriquer le Papier eut été mis en pratique (32), vers le xii° siècle (*), à la renaissance des lettres, en multipliant, par des copies, les anciens manuscrits qu'elles avaient préservés de la destruction, et que l'ignorance superstitieuse de ceux qui les possédaient décidait à offrir humblement au pied des autels, afin

(*) L'opinion la plus généralement admise est que ce sont les Arabes qui ont apporté en Europe l'art du *Papier de Linge*. L'emploi du *Papier de coton* l'avait précédé. Montfaucon pense qu'il a été découvert vers la fin du ix° siècle. (Voyez Peignot, *Dictionnaire de bibliologie*.)

d'obtenir la rémission de leurs péchés, *pro remedio animæ suæ.*

Un évêque fondateur de monastère, Isidore de Séville, est, peut-être, le premier qui, depuis Columelle, Pline et Palladius, ait écrit sur l'agriculture. — Au x° siècle, l'empereur Constantin Porphyrogénète fit rassembler, par Cassianus Bassus, ce qu'il trouva de mieux sur cette science dans les anciens auteurs géoponiques.

Le moine dominicain Vincent de Beauvais et l'Arabe Ebn-el-Awam suivirent le même exemple au xiii° siècle.

P. Crescentius, avocat de Boulogne, né en 1230, composa et dédia à Charles II, roi de Sicile, son ouvrage sur l'agriculture, intitulé : *Opus ruralium commodorum*, et traduit en français sous le titre de *Profits champêtres et ruraux.*

Torello composa ses *Ricordo d'Agricoltura*, où, le premier, il a eu le mérite de proposer d'alterner les cultures. Gallo publia après lui ses *Éléments d'Agriculture.*

Le *Prædium rusticum* de Charles-

Étienne et la *Maison rustique* qu'il publia
concurremment avec son gendre Liébaut
ne sont guère que des compilations, mais
fort utiles alors, des anciens auteurs géoponiques grecs et latins.

Enfin parut Olivier de Serres, immorta-
lisé par le grand ouvrage qu'il composa
sous le titre de *Théâtre de l'Agriculture*
ou de *Ménage des champs*, ouvrage dont
la publication ouvrit une nouvelle ère à
l'art agricole, comme la renaissance des
lettres a pris date de la découverte de l'imprimerie.

J'ai dû me renfermer, presque toujours,
dans les généralités, en rappelant la situation des agriculteurs (*) pendant la longue

---

(*) Le mot AGRICULTEUR a été, pendant long-
temps, taxé de barbarisme, *culteur* n'étant pas
français, et ne pouvant que difficilement passer
pour une abréviation de cultivateur, malgré son

période où le système d'économie rurale des Romains continua à être suivi presqu'en tout lieu, plutôt par esprit de routine que par conviction de sa supériorité et de ses avantages ; où, souvent même, on s'en écarta par ignorance et par découragement, car tout était, alors, impéritie, désordre et confusion.

Il y aurait une tâche plus agréable, mais non moins laborieuse à remplir, pour démêler ce qui appartient à chaque peuple dans les progrès successifs des bonnes méthodes de culture, à mesure que ces peuples ont été placés sous l'influence de gouvernements moins oppresseurs et plus réguliers, et que les sciences et les arts utiles se sont perfectionnés.

rapport avec le mot latin *cultor*. Quoi qu'il en soit, l'expression *agriculteur*, encore réprouvée dans le dictionnaire de Boiste, est devenue d'un usage tellement général, qu'elle a acquis son droit de passe et de nationalité.

Cette tâche que j'ai préparée, que j'ai le
désir d'accomplir, mais qui est, peut-être,
au dessus de ce qui me reste de santé et de
résignation, m'eût conduit à tracer ensuite
le tableau plus satisfaisant de l'agriculture
moderne, dont les considérations qui précèdent forment, en quelque sorte, l'introduction. J'eusse alors exposé ce qui reste à
faire pour que les produits du sol puissent
suivre le mouvement ascendant de la population et pour accroître, même, la prospérité et les jouissances des générations qui
doivent nous succéder..... D'autres plus
habiles me remplaceront et continueront
mon œuvre, s'il ne m'est pas accordé d'arriver au terme d'une aussi grande entreprise.

NOTICE CHRONOLOGIQUE.

—

Je continue, pour la seconde époque, la notice chronologique des principaux événements qui ont, depuis le règne d'Auguste jusqu'à la fin du xv⁰ siècle, exercé une notable influence soit directe, soit indirecte, sur l'agriculture et sur le bien-être des populations. Les faits rappelés dans cette notice sont, en partie, relevés des tables chronologiques de Blair.

Années après J.-C.

1. Naissance de J.-C., l'an 754 de Rome.
14. Mort d'Auguste, dont le règne avait commencé 31 ans avant la naissance de J.-C. Tibère lui succéda.

C'est pendant le règne d'Auguste que Virgile a publié ses *Géorgiques*.

54. Commencement du règne de Néron.

92. L'Empereur Domitien ordonne, à la suite d'une disette, d'arracher toutes les vignes dans les Gaules.

Vers le milieu de ce siècle, sous le règne de Claude, Columelle, né à Cadix, écrit ses douze livres sur l'agriculture et son traité sur les arbres.

Les ouvrages de Pline l'Ancien datent du règne de Vespasien et de Titus.

Son neveu, Pline le Jeune, écrivit au commencement du IIe siècle, sous le règne de Trajan.

98. Règne de Trajan.

117. Règne d'Adrien.

138. Règne d'Antonin le Pieux.

161 à 179. Règne de Marc-Aurèle.

Époque de félicité pour les peuples.

252. Peste qui étend ses ravages dans tout l'Empire romain.

282. Probus révoque l'édit de Domitien et encourage, dans les Gaules, la culture de la vigne.

286. L'Empire romain est attaqué par des peuples venus du nord.

296. Dioclétien s'empare de la Grande-Bretagne.

328. Constantin fait de Byzance, sous le nom
de Constantinople, le siége de son empire. Il avait accordé aux chrétiens,
en 323, l'exercice public de leur culte,
et il ordonne, en 331, la destruction
de tous les temples des païens.

334. 300,000 esclaves Sarmates se révoltent
contre leurs maîtres ; Constantin leur
donne asile : ils s'établissent dans diverses provinces de l'Empire.

358. Un tremblement de terre ruine cent cinquante villes en Grèce et en Asie.

364. L'Empire d'Occident commence sous Valentinien et prend fin en 476.

406. La France et l'Espagne sont occupées par
les Vandales, les Slaves et les Huns.

410. Rome est prise par Alaric.

412. Commencement du royaume des Vandales en Espagne, d'où ils sont chassés
par Bélisaire, en 534.

426. Les Romains abandonnent la Grande-
Bretagne ; même année, irruption des
nations du nord dans l'Empire, et premier fondement des Monarchies nouvelles.

447. Attila, à la tête des Huns, ravage l'Europe.

449. Les Saxons envahissent la Grande-Bretagne.

452. Commencement de la ville de Venise.
Palladius doit avoir écrit dans ce siècle son traité *de Re rustica*.

476. Fondation du royaume d'Italie par les Ostrogoths, chassés, en 554, par Narsès.

480. Tremblement de terre à Constantinople, qui détruit une partie de la ville.
Famine en France, sous le règne de Childéric.

496. La religion chrétienne est embrassée par les Français, sous le règne de Clovis.

510. Paris devient la capitale de la France.

529. Publication du Code Justinien.

543. La peste commence en Égypte et s'étend dans une grande partie du globe.

546. Rome est prise par Totila.

551. Des moines introduisent de l'Inde la soie en Europe, en y transportant des œufs de ver à soie dans des tiges de bambou.

558. La peste ravage de nouveau l'Europe, sous le règne de Justinien.

570. Naissance de Mahomet.

588. Disette en France, sous le règne de Clotaire II.

606. Puissance des papes accrue par les concessions de l'empereur Phocas.

613. Commencement du gouvernement des maires du palais en France.

623. Commencement de l'hégire de Mahomet et des conquêtes des Sarrasins.

C'est vers ce temps que les premiers moulins à eau ont été établis en Angleterre.

640. Les Sarrasins brûlent la bibliothèque d'Alexandrie.

651. Disette en France, sous le règne de Clovis II.

713. Les Sarrasins font la conquête de l'Espagne.

746. Peste qui dure trois ans et étend ses ravages en Europe et en Asie.

751. Pepin le Bref, premier roi français de la race des Carlovingiens.

763. Une gelée violente commence le 1er octobre et dure 150 jours.

778 et 779. Années de disette.

800. Rétablissement de l'Empire d'Occident par Charlemagne.

805 et 806. Nouvelle disette.

853. Irruption des Normands en France.

859. Un froid violent fait glacer la mer Adria-
tique.

923. Établissement des fiefs en France (gouvernement féodal).

932. Un froid violent se fait sentir pendant
120 jours.

987. Commencement du règne des Capétiens
en France.

1006. Peste qui ravage l'Europe pendant trois
ans.

1013. Conquête de l'Angleterre par les Danois.

1013 et 1033. Années de disette.

1066. L'Angleterre est de nouveau conquise par
Guillaume de Normandie.

1080. On commence, en Angleterre, à former
le cadastre pour l'imposition des
terres.

1096. Première croisade.

1105. Introduction des moulins à vent.

1118. Établissement de l'ordre des Templiers,
aboli en 1312.

1147. Seconde croisade.

1167. Le pape Alexandre III déclare que tous
les chrétiens doivent être affranchis de
servitude.

1188. Troisième croisade.

1203. Quatrième croisade.

1204. Commencement de l'Inquisition, confiée aux dominicains.

1215. La grande Charte est signée par le roi Jean et par les barons d'Angleterre.

1223. Abolition de l'esclavage, en France, par Louis VIII.

C'est dans ce siècle que l'Arabe Ebn-el-Awam écrivit sur l'agriculture. Il traite de la culture de la canne à sucre et de celle du safran.

1248. Cinquième croisade.

1282. Massacre des Français en Sicile (Vêpres siciliennes).

1302. Premier emploi de la boussole par Flavio.

1304. Année de disette.

1307. Organisation des cantons suisses.

Vers cette époque, P. Crescentius composa son ouvrage d'agriculture (*Opus ruralium commodorum*), qu'il dédia à Charles II, roi de Sicile.

1317. La famine et la peste désolent le nord de l'Europe.

1343. Les communes d'Angleterre sont admises dans le Parlement.

1348. Une nouvelle peste emporte le quart de la population de l'Europe.

1391. Année de disette. Vers la fin de ce siècle,

établissement en Espagne de la *Mesta*,
espèce de confédération entre les propriétaires de grands troupeaux trans-
humants.

1418 à 1419. Disette.

1431 à 1436. Jeanne d'Arc. Victoires sur les
Anglais qui sont expulsés de France.

1432-36 et 37. Disettes.

1440. Invention de l'imprimerie, par Gutten-
berg.

1453. Conquête de Constantinople par les
Turcs.

1471 et 1475. Disettes.

1481. Disette.

1492. Découverte de l'Amérique par Christo-
phe Colomb.

NOTES

RELATIVES A LA SECONDE ÉPOQUE.

—

(1)

(Auguste encouragea l'agriculture et le commerce..... Page 187.)

« Auguste, pour rendre plus utile aux Romains l'Égypte, qu'ils venaient de conquérir, fit nettoyer, par ses soldats, des canaux que les inondations répétées du Nil avaient engorgés et remplis d'un limon croupissant.

» A Rome, il établit, pour le commerce des

grains, un intendant général plein de vigilance sur les approvisionnements publics. Il exigea que les cultivateurs et les négociants apportassent ce qui devait suffire ordinairement à un peuple nombreux. Dans un moment de disette, il éloigna de la ville tous ceux dont la profession était au moins inutile, les gladiateurs, par exemple, et un grand nombre d'esclaves.

» Il établit des flottes destinées à protéger les navigateurs, à poursuivre et combattre les pirates. Tant de vigilance, de précautions et d'encouragements rendirent le commerce florissant; les préjugés contraires étaient assoupis, et les marchands formaient, dans l'État, une profession importante. Il accorda à des villes commerçantes le droit de cité et des priviléges utiles. Plusieurs manufactures s'élevèrent dans la capitale de l'empire, entre autres, celles de papier (*papyrus*). On vit, sous son règne, les trésors de l'Espagne, de l'Égypte et de l'Inde inonder l'Italie. »

(Pastoret.)

(2)

(Les propriétés doublèrent rapidement
de valeur..... Page 187.)

« Alexandrie était l'entrepôt général de toutes
les marchandises que l'Europe recevait d'Asie. Les
trésors de l'Égypte, apportés à Rome, y versèrent
l'abondance. Dès lors, on vit diminuer l'intérêt
de l'argent et augmenter le prix des terres et des
denrées, effet sensible de la prépondérance du
commerce. D'un autre côté, l'Italie acquit de nouvelles ressources, pour les grains, de la fertilité de
ce nouveau domaine. Ce n'est pas que les blés
d'Égypte fussent d'une qualité supérieure ; ils n'é-
taient mis qu'au troisième rang parmi les grains
étrangers. Les vaisseaux qui venaient d'Alexandrie avaient le privilége d'entrer dans le port avec
une certaine voile nommée *supparum*, dont les
autres ne pouvaient faire usage qu'en pleine mer.
Ils n'étaient pas exclusivement chargés de grains ;
ils rapportaient aussi en Italie du coton, du lin

du verre, plusieurs sortes de marbres, de l'alun, du *papyrus*, qui n'était vendu aux Romains qu'écrit. Ils le lavaient pour effacer l'écriture et s'en servir ensuite. On lissait avec des coquillages le papier destiné pour écrire, afin que la plume ou le roseau marchassent plus rapidement. »

(PASTORET.)

Lorsque Constantin eut délaissé Rome et établi le siége de son empire dans la ville orientale de Byzance, à laquelle il enleva son nom pour illustrer le sien qu'il lui donna, la flotte d'Alexandrie fut destinée au service de la nouvelle capitale. L'empereur Commode, afin de pourvoir à l'approvisionnement de Rome compromis par ces dispositions, institua une flotte d'Afrique (*Classis Africana*), qui servit, dès lors, au transport régulier des blés de cette province.

(3)

(Le bon goût ne fut pas toujours consulté dans l'arrangement des jardins.....
Page 190.)

« On trouve dans Pline le Jeune des détails sur
un jardin de Rome, qui annonçait des germes de
la dépravation du goût. Il parle avec enthousiasme
des arbres taillés en forme d'animaux, en lettres,
en chiffres, en forme d'architecture ; les BUIS y
servaient déjà à tortiller les dessins des parterres;
mais cette partie, qui composait chez eux le par-
terre, était accompagnée de bosquets plus éloi-
gnés qui restaient dans l'état de nature et qui s'appuyaient aux ailes des bâtiments. »

(L. REYNIER.)

« L'art du jardinier, dit Millin dans son *Dic-
» tionnaire des beaux-arts*, eut chez les Romains
» le même sort que l'architecture : il tomba en dé-
» cadence; après le temps d'Auguste, on négligea
» ce qui est grand, et on chercha la beauté dans les
» bagatelles et les niaiseries. . . . . . .

» Ce fut Caïus-Marius, dont il reste quelques
» lettres à Cicéron, et qu'on nommait, par excel-
» lence, l'*ami d'Auguste*, qui enseigna le premier
» aux Romains l'art de tracer un jardin, celui de
» greffer et de multiplier quelques uns des fruits
» étrangers, des plus recherchés et des plus cu-
» rieux ; il introduisit aussi la méthode de tailler
» les arbres et les bosquets dans des formes régu-
» lières. »

Le mot *hortus* désignait le jardin dans lequel on
cultivait les légumes, ou ce qu'on a appelé pendant long-temps, en France, l'*hortolage*. Employé
au pluriel (*horti*), ce mot signifiait non seulement
un lieu planté d'arbres, de fleurs et de fruits, mais
une maison de campagne, une *villa*, qui renfer-
mait dans son enceinte une grande étendue de
terre consacrée à l'agrément...., des bosquets, des
prairies, des vignes, des temples, des pièces d'eau,
des fontaines, etc.

(4)

(« Artifice que l'emploi habituel du
verre a permis de porter à un haut point
de perfection..... » Page 192.)

Pitiscus énonce, aux mots *Vitrum*, *Specularia* et
Pocula, quelques assertions qui, aujourd'hui, ne
peuvent pas être entièrement justifiées par des
preuves authentiques. On ignore encore, en effet,
sur quel fondement Pline a fait mention du verre
malléable. Il ne paraît pas qu'on soit parvenu à en
recueillir, quoique des fouilles successives aient
procuré, ainsi que le prouve la collection du Lou-
vre, de beaux et nombreux échantillons des vases,
en verre, de différentes formes et dimensions, dont
les anciens faisaient usage. Ce qui paraît certain,
c'est qu'ils n'étaient pas parvenus à couler le verre
à *surface plane*, et par conséquent des vitres. Ils
remplaçaient celles-ci par les pierres spéculaires.
Dans les circonstances où une grande clarté n'était
pas nécessaire, il y a lieu de présumer qu'ils faisaient, aussi, usage de l'albâtre.

Des marchands phéniciens ayant employé, dit-on, des morceaux de *Natron*, comme support au vase dans lequel ils se proposaient de faire cuire leurs aliments, l'ardeur du feu mit le *Natron* en fusion et le convertit en une matière transparente qu'on parvint bientôt à multiplier et à utiliser.

On a attribué à Archimède l'invention des sphères ou globes de verre qui faisaient, chez les Grecs, l'ornement de leurs bibliothèques.

Pline rapporte que, sous le règne de Néron, on inventa l'art de faire des coupes de verre blanc transparent. Ces vases se tiraient d'Alexandrie et étaient d'un prix immense. De Pauw croit que, de tous les anciens peuples, les Égyptiens sont ceux qui ont le mieux travaillé le verre, auquel ils parvenaient à donner la pureté du cristal. Selon le même, ils ciselaient le verre, le travaillaient au tour et savaient le dorer. . . . .

Les anciens employaient aussi des vases ou urnes de verre pour conserver la cendre des morts. Ils possédaient l'art de le colorer, et en formaient des mosaïques. Enfin il servait à obtenir des empreintes et des moules de pierres gravées.

(Voy. *Winkelmann* et *Millin*.)

(5)

(Les Romains furent pendant long-temps privés d'un grand nombre d'arbres à fruit comestible..... Page 193.)

Les POMMES aussi bien que les POIRES avaient, à Rome, leurs patrons, d'où elles tiraient leurs noms, soit que ceux-ci en eussent fait venir les premiers de pays étrangers, soit qu'ils eussent apporté des soins particuliers à la culture de ces fruits.

Après avoir conquis les Gaules, les Romains y introduisirent le POMMIER.

Le CITRONNIER fut apporté par les Perses à Athènes ; de là il se répandit dans toute la Grèce. Il n'existait pas encore en Italie du temps de Pline. Ce fut Palladius qui, environ cinquante après, en fit venir des graines. On appelait les citrons *Pommes de Médie.*

Le GRENADIER (*Malus punicus*) fut apporté de Carthage à Rome. Il était connu en Grèce, principalement dans l'Attique. On le cultivait en Italie, vers la fin du premier siècle de notre ère.

17

Le Figuier est originaire de l'Orient. Les Israélites regrettaient, dans le désert, ceux de l'Égypte. De cette contrée il s'est répandu en Italie et dans les autres parties méridionales de l'Europe. Il n'est fait aucune mention des figues, à Rome, avant Caton. Ce fut à peu près vers le même temps que les pêchers et les abricotiers y furent introduits. Varron, qui a écrit soixante ans après Caton, parle encore de ces arbres comme d'une nouveauté.

Les Romains introduisirent les figues dans les Gaules ; elles étaient en grande estime chez les anciens, et particulièrement chez les Grecs. Les magistrats d'Athènes ayant défendu, par une loi, d'en transporter hors de leur territoire, Xercès, roi de Macédoine, fit la guerre à la république pour se mettre en possession de ce fruit.

Le Noyer a été cultivé, de temps immémorial, en Orient. Il est fait mention, dans les livres saints, d'un jardin planté de Noyers, de Vignes et de Grenadiers, comme fournissant les plus exquis des fruits (*). Les anciens Perses conservaient les Noix pour la table du roi. Ce fruit fut, par la suite,

(*) Au chapitre 25 de l'*Exode*, le Seigneur ordonnant à Moïse de construire le chandelier d'or, ajoute : *Il y aura trois coupes en forme de* noix.

abondant en Grèce, d'où il fut apporté en Italie.

L'AMANDIER passa de l'Asie dans la Grèce. Théophraste en fait mention dans son *Histoire des Plantes*. Caton en parle également, ainsi que des AVELINES.

Le fruit du CHATAIGNIER, que l'on connaissait à Rome sous le nom de *noix*, dès le règne d'Auguste, fut tiré de Sardes, capitale de la Syrie, dans l'Asie-Mineure, d'où il fut aussi transporté en Grèce. Pline comptait huit variétés de châtaignes, dont il forme deux espèces : les grosses, qui se faisaient rôtir et qui se criaient dans les rues, et les petites, qui se mangeaient bouillies et qu'on abandonnait à l'usage du peuple.

Le PÊCHER a été introduit à Rome plus tard qu'en Grèce. Pline parle de son fruit comme d'une conquête nouvelle.

Selon Théophraste, le PRUNIER a été cultivé en Asie depuis les temps les plus reculés. A l'époque où Caton écrivait, on apportait les Prunes à Rome, confites dans du miel ou du vin doux. Pline les mentionne comme un fruit qui, de son temps, n'était plus rare en Italie.

(Voy. *Delamare, Traité général de la Police*.)

(6)

(Des moines apportèrent à Constantinople, dans des tiges de bambou, le ver
qui produit la soie..... Page 194.)

« Si le ver à Soye eût été cognu des anciens
» austeurs d'agriculture, l'on ne faict doubte que
» la louange de tant riche animal n'eust été chan-
» tée par eux, ainsi qu'ils ont faict celle des mou-
» ches à miel ; mais, à tel défaut, il est demeuré
» sans nom plusieurs siècles.

» . . . . . Le premier avis de la soye donné en
» Italie fut du règne d'Octavien-Auguste, confirmé
» par Pline plus de septante ans après. Il y adjou-
» tait, qu'en l'isle de Coos, croissaient des cyprès,
» térébintes, fresnes et chesnes, des feuilles des-
» quels arbres, cheutes à terre de caducité, par
» l'humidité d'icelles, naissaient des vers produi-
» sant la soie. Qu'en Assyrie, le ver à soie, animal
» du genre des insectes, appellé des Grecs et La-
» tins *bombyx*, fait son nid avec de la terre qu'il
» attache contre les pierres, où il s'endurcit très

« fort, s'y conservant toute l'année ; qu'à la mode
» des arraignes, il fait des toiles. . . . .

» Vopiscus témoigne que, du temps de l'empe-
» reur Aurélien, plus de deux ans après Vespa-
» sian, la soye se vendait au poids de l'or, pour
» laquelle cherté, mais principalement pour la
» modestie, ce prince-là ne voulut jamais porter
» robe toute de soye, ains meslingée avec autre
» matière, bien qu'Héliogabale, son devancier,
» n'eust été si retenu, comme dit Lampridius
» Semblable modestie se remarque du roy Henry
» second, n'ayant jamais voulu porter bas de soye,
» encore que, de son temps, l'usage en fust jà reçu
» en France. »

Olivier de Serres, à qui j'emprunte cette citation, ajoute que, selon Procope, les premières semences furent tirées de l'île de Sumatra; que deux
moines portèrent, dans le vi° siècle, de *Sera* dans
le Cathay (la Chine) la graine des vers à soie,
à Constantinople, sous le règne de Justinien.

C'est à ce prince qu'on attribue généralement
l'introduction, en Grèce, de l'art d'élever des vers
à soie.

Roger I°°, roi de Sicile, emmena d'Athènes et
de Négrepont, vers l'an 1130, un certain nombre
d'ouvriers en soie et les établit à Palerme, ce qui
introduisit la culture du mûrier dans son royaume,

d'où elle se communiqua aux autres provinces
d'Italie.

(Voy. *Robertson*.)

(7.)

(On doit à Strabon la première description de la canne à sucre..... Page 195.)

D'après les témoignages de Théophraste, de
Pline, d'Arrien, de Lucain, la Canne à Sucre était
connue des anciens. On la cultivait en Arabie; mais
son produit y était de qualité inférieure au sucre
qui venait de l'Inde. Ils n'avaient, au reste, que
des notions très imparfaites de cette substance.
Ils ont cru qu'elle se cristallisait naturellement sur
une espèce de roseau. La petite quantité qu'on
parvenait à se procurer était réservée pour les
pharmaciens. C'est aux Arabes qu'on doit son introduction en Europe, où, par suite de l'extension rapide de la culture, dans les colonies d'Amé-

rique, du roseau qui la fournit, il devint bientôt impossible de soutenir la concurrence.

Les premiers essais se firent, en Sicile, vers le milieu du xii° siècle. Chiariti a publié un rescrit de l'empereur Frédéric II, qui cède aux Juifs ses jardins de Palerme pour y cultiver le palmier et la canne à sucre. Il est aussi question d'un autre rescrit de Charles d'Anjou, en date de 1281.

Ce furent, dit-on, les Arabes qui inventèrent l'art de cristalliser le sucre. Un Vénitien employait, selon Paucirole, ce procédé, vers l'an 1471. L'historien Troyli assure qu'autrefois on faisait du sucre en Calabre, et que si, de son temps, ce genre d'industrie était tombé, c'est que le sucre étranger se vendait à très bon compte.

La culture de la canne à sucre fut transportée de Sicile dans les provinces méridionales de l'Espagne; elle passa de là aux Canaries, à Madère, puis au Brésil, d'où elle se répandit dans toutes les colonies des Antilles.

(Voy. *Robertson*, L. *Reynier* et *Grégoire.*)

« On s'est accoutumé à regarder le sucre (ce » superflu qui a fait négliger le miel) comme chose » très nécessaire; mais ce prétendu nécessaire ne

» peut être arraché, du sein de la terre, qu'à mille
» lieues de notre Europe. Quand la guerre inter-
» rompt le commerce de nos colonies, nous éprou-
» vons ce qu'on disait jadis du pain à Rome
» (lorsque les flottes de l'Égypte n'arrivaient pas
» à temps), que la subsistance du peuple se trouve
» à la merci des vents et des tempêtes. »

François de Neufchâteau écrivait les lignes qui
précèdent presqu'au moment où l'on parvenait à
extraire et à cristalliser le sucre de la betterave,
découverte qui rend vaines ses craintes, et qui
affranchit, à jamais, l'Europe d'un tribut onéreux,
mais qui oblige les puissances en jouissance de
colonies, dans lesquelles la canne à sucre formait
la principale branche de culture et de revenu, à
examiner, avec maturité et impartialité, par quels
moyens on peut prévenir la ruine de ces possessions lointaines, sans porter préjudice à la nouvelle industrie dont les métropoles ont fait la
conquête. . . . , question ardue, et dont l'équi-
table solution est presque impossible, si on ne
peut se soustraire aux exigences du fisc, avant,
du moins, que la fabrication du sucre indigène ait
acquis le degré de perfection et d'économie qui lui
manque encore.

On peut répondre, aujourd'hui, à François de

Neufchâteau par ces vers d'Ovide, ou par l'imitation qu'il en a faite :

Peregrina quid æquora tentes ?
Quod quæris, tua terra dabit.

Pourquoi veux-tu des mers affronter la furie !
Ah ! sans chercher si loin,
Regarde autour de toi : le sol de la patrie
Préviendra ton besoin.

(8)

(Une pratique imprudente, l'*Annone*, consistant en distributions journalières..... Page 195.)

Les ambitieux, pour se rendre populaires et parvenir aux charges publiques, distribuèrent souvent des grains gratuitement ou à vil prix.

Sempronius Gracchus, voulant mettre fin à ces largesses privées, proposa, avec succès, de faire, tous les ans, des distributions aux dépens de la République. Les conquêtes des Romains les leur rendaient faciles ; mais la loi *Sempronia* ayant été révoquée, le peuple murmura et obtint

qu'on lui distribuerait, tous les ans, 80,000 boisseaux de blé gratuitement. C'était ce que la Sicile
fournissait. — Le sénat ordonna, plus tard, César
étant consul, que ce même blé, au lieu d'être livré gratuitement, serait vendu à un prix fort
bas. . . . . . .

. . . . Le peuple, accoutumé à être pourvu
du plus nécessaire des aliments, ne se mettait plus
en peine de travailler pour gagner sa vie. Les terres
demeuraient incultes et les arts étaient abandon-
nés ; l'oisiveté donnait lieu aux séditions et aux ré-
voltes.

César, devenu dictateur, rétablit les largesses de
blé : Auguste parvenu à l'empire les continua. Les
inconvénients qui avaient frappé le sénat se renou-
velèrent alors. Auguste, dont l'autorité s'était affermie, abolit ces largesses annuelles et les réduisit au temps d'une véritable disette et au soulagement des pauvres.

Les blés se répartissaient entre ce qu'on appelait *Civitates*, *Mutationes* et *Mansiones*.

Les *Civitates* comprenaient toutes les villes où
résidait l'autorité principale de la police et des magistrats de chaque province. Les empereurs y entretenaient des chevaux de poste pour les affaires
publiques et les porteurs de leurs ordres.

On entendait par *Mutationes* de simples relais de poste.

Les *Mansiones* étaient disposées aux distances où, chaque jour, les courses pouvaient finir, pour servir de gîte aux courriers. Il y avait, en ces lieux, tout le matériel nécessaire pour leur service. L'usage des postes était interdit aux particuliers; il était réservé aux porteurs d'ordre. On avait aussi établi dans chaque *Mansio* des magasins pour le passage des armées. Les soldats y logeaient. C'étaient leurs lieux d'étape.

Chaque province devait pourvoir au transport de ses grains jusqu'à ses frontières. Ceux qu'on tirait d'Égypte étaient amenés au port d'Alexandrie, où on les chargeait soit pour Rome, soit pour Constantinople. Deux flottes destinées l'une pour l'Afrique, l'autre pour l'Égypte (*Classis Africana* (*) et *Classis Alexandrina*), allaient embarquer les blés.

Les patrons ou pilotes des vaisseaux formaient à Rome un ordre particulier. Les lois imposaient

---

(*) J'ai mentionné, à la note seconde, page 252, le motif de la création de la flotte d'Afrique et sa destination.

aux enfants l'obligation de suivre la profession de
leurs pères ; mais cette dure condition se trouvait un
peu allégée par des priviléges et par des exemp-
tions d'impôt. Constantin mit ces patrons au nombre des chevaliers romains. Valentinien, Valens et
Gratien les rendirent aptes à parvenir aux plus
hautes dignités. . . . .

Chaque province maritime était tenue de faire
construire un certain nombre de vaisseaux destinés
au transport des grains. Les pilotes ou patrons
étaient chargés de fournir et réparer ces vaisseaux
qui devaient être assez grands pour contenir 50,000
boisseaux de blé, différant, en cela, de ceux que
chaque sénateur pouvait entretenir, au nombre de
deux, pour son usage particulier, et dont la contenance, réglée d'abord à 300 amphores, fut portée
par Auguste à 1,000 amphores, ou 3,000 boisseaux.

Tous les immeubles des patrons ou pilotes
étaient affectés aux réparations de leurs bâtiments
et aux services qu'ils devaient rendre. Leurs successeurs à titre d'hérédité, à quelque rang qu'ils
fussent élevés, faisaient partie de cette corporation
et partageaient toutes les obligations du service.
Leur patrimoine était inaliénable. Ils se chargeaient
des grains sur un procès-verbal délivré par le magistrat qui veillait à leur départ.

Parmi les droits et immunités accordés aux pilotes, je mentionnerai la libre disposition d'une partie déterminée du chargement. Ce droit, désigné sous le nom d'*Epimetrum* (*), se réglait selon le plus ou le moins d'éloignement des lieux.

Pour les vaisseaux venant d'Alexandrie, l'*Epimetrum*, ou évaluation du déchet, était de 4 pour 100. On payait en outre, aux pilotes, un sol d'or (**), d'Alexandrie à Constantinople, pour le transport de chaque millier pesant de blé, et proportionnellement pour les autres lieux.

Aussitôt après leur arrivée, les pilotes allaient faire leur déclaration chez le magistrat, à qui ils représentaient leur lettre de voiture, et de qui ils recevaient l'ordre de déchargement.

Le blé, conduit d'Ostie au port du Tibre, à

_____

(*) Les percepteurs des impôts étaient autorisés à lever un supplément de taxe équivalent au déchet que les denrées perçues pouvaient éprouver dans le transport. Cette sur taxe constituait aussi un *Epimetrum*; mais il n'y en avait pas d'applicable aux paiements que les provinces faisaient en argent.

(**) Sous les empereurs, le sol d'or (*Solidus* ou *Nummus*) valait vingt-cinq deniers (environ douze francs de notre monnaie).

Rome , était placé dans des greniers publics établis
sous la surveillance des mariniers et des mesureurs,
qui distribuaient gratuitement aux boulangers la
quantité consacrée aux largesses. Le surplus se li-
vrait selon le prix fixé par le magistrat pour la
vente publique du pain.

Dans les derniers temps de la République, la police des blés avait été attribuée à des préteurs ou
édiles créés ad hoc (*AEdiles cereales*). Auguste re-
mit leurs fonctions au préfet de la ville (*Præfectus
Urbis*). Il devait présider à toutes les distributions
et les surveiller ; plus tard, ces détails furent con-
fiés à un préfet de l'*Annone* ou des provisions ,
subordonné au préfet de la ville.

(Voyez le *Traité général de la Police*,
par Delamare.

(9)

(« La fusion des troupes avec les étrangers enhardit les Barbares et prépara leurs
succès... » Page 200.

La faiblesse des empereurs , les factions de

» leurs ministres et de leurs eunuques, la haine
» que l'ancienne religion de l'empire portait à la
» nouvelle, les querelles sanglantes élevées dans
» le christianisme, les disputes théologiques sub-
» stituées au maniement des armes et la mollesse à
» la valeur; des multitudes de moines remplaçant
» les agriculteurs et les soldats; tout appelait ces
» mêmes Barbares qui n'avaient pu vaincre la Ré-
» publique guerrière et qui accablèrent Rome
» languissante, sous des empereurs cruels, effé-
» minés et dévots. »

(MONTESQUIEU.)

(10)

(« Galère et Constance Chlore se partagèrent l'autorité souveraine...» Page 201.)

« La sagesse de Nerva, la gloire de Trajan, la
» valeur d'Adrien, la vertu des deux Antonins se
» firent respecter des soldats; mais, lorsque de nou-
» veaux monstres prirent leur place, l'abus du

» gouvernement militaire parut dans tout son
» excès, et les soldats qui avaient vendu l'empire
» assassinèrent les empereurs pour en avoir un nou-
» veau prix.

» Les empereurs, tirés ordinairement de la mi-
» lice, furent presque tous étrangers et quelquefois
» Barbares. Rome ne fut plus la maîtresse du
» monde, mais elle reçut les lois de tout l'univers.
» Chaque empereur y porta quelque chose de son
» pays. Il n'y avait plus rien d'étranger dans l'Em-
» pire, et l'on y était préparé à recevoir toutes les
» coutumes qu'un empereur voudrait introduire.

» Ce qu'on appelait l'Empire romain, dans ce
» siècle-là, était une espèce de République irrégu-
» lière, telle à peu près que l'aristocratie d'Alger. »

(MONTESQUIEU.)

(11)

(Dans l'origine, les mots *Étrangers* et
Barbares furent synonymes.... Page 202.)

Barbari, Barbares, Étrangers. Les Grecs et

les Romains se servirent de la même expression
pour désigner quiconque n'était ni Grec, ni Latin ;
les autres peuples vinrent aussi à l'employer pour
caractériser ceux dont ils n'entendaient pas la langue.

» L'empereur Antonin le Pieux ayant, par un
édit, levé toute différence entre les citoyens de
l'Empire romain, *le Barbare*, comme le naturel
du pays, eut part à toutes les charges civiles et militaires. On fondit, dans les légions romaines, les
troupes auxiliaires, lesquelles, elles-mêmes, devinrent aussi légions. »

(PITISCUS.)

« On désignait souvent, dit Dubos, les sujets
régnicoles de la monarchie romaine en *Romains* et
en *Barbares* ou *Chevelus*. En effet, la différence la
plus sensible entre un Romain et un Barbare consistait en ce que le Romain portait ses cheveux si
courts, que les oreilles paraissaient à découvert, au
lieu que le Barbare portait ses cheveux longs. Le
Barbare qui se faisait couper les cheveux à la manière des Romains était réputé renoncer à la nation
dont il avait été jusque-là pour se faire de celle des
Romains. On appelait dans les Gaules *Crinosi*
ceux qui s'appelaient en Italie *Capillati*.

» Dans le 6ᵉ et le 7ᵉ siècle, le nom de Barbare
n'avait rien d'odieux. . . . . On désignait aussi

18

sous ce nom tous ceux qui ne parlaient ni la langue grecque ni la langue romaine, d'où est venu le mot *Barbarisme*. »

(12)

(« L'empire d'Occident croula de toute part..... » Page 203.)

Les invasions des Barbares qui préparèrent la chute de l'Empire romain désolèrent particulièrement la Gaule, dès les IIIe et IVe siècles.

Au commencement du Ve siècle, les Vandales, les Suaves, les Alains s'y répandirent. A ceux-ci succédèrent les Francs et les Visigoths.

La terrible armée des Huns conduite par Attila porta, un peu plus tard, la désolation dans cette contrée.

Les progrès des Barbares, jusqu'au moment de la chute de l'empire d'Occident, avaient tellement réduit le domaine impérial, que, sur cent quinze cités, il n'y eut de préservées que celles qui étaient voisines de la Somme, du Rhin et de l'Escaut, soumises à Egidius et à son fils Siagrius. Après la mort d'Augustule, Clovis les réunit aux autres possessions romaines qui formaient la monarchie française.

« Dans ces temps de désolation, dit Voltaire, » vingt jargons barbares succèdent à cette belle » langue latine qu'on parlait du fond de l'Illyrie » au mont Atlas. Au lieu de ces sages lois, qui » gouvernaient la moitié de notre hémisphère, on » ne trouve plus que des coutumes sauvages; l'en- » tendement humain s'abrutit dans les supersti- » tions les plus lâches et les plus insensées. Ces » superstitions sont portées au point que des » moines deviennent seigneurs et princes. Ils ont » des esclaves, et ces esclaves n'osent pas même se » plaindre. L'Europe entière croupit dans cet avi- » lissement jusqu'au xvie siècle et n'en sort que » par des convulsions terribles. »

Les peuples qui conquirent l'empire d'Occident étaient sortis de la Germanie. César a dit : « Les » Germains ne s'attachaient point à l'agriculture. » Personne, chez eux, n'avait de terres ni de li- » mites qui lui fussent propres. » Tacite a ajouté : « Vous leur persuaderiez bien moins de labourer la » terre que d'appeler l'ennemi et de recevoir des » blessures. Ils n'acquièrent pas par la sueur ce » qu'ils peuvent obtenir par le sang. »

(13)

(« Les chefs barbares accordaient les
propriétés rurales à leurs compagnons... »
Page 207.)

« Chez les Germains, il y avait des Vassaux ou
» Compagnons (*comites*), et non pas des fiefs. Il
» n'y avait pas de fiefs, parce que les princes n'a-
» vaient pas de terres à donner. Il y avait des *vas-*
» *saux*, parce qu'il y avait des hommes *fidèles* qui
» étaient liés par leur parole.....
    » Le Cens (*census*) était un tribut levé sur les
» serfs. C'était une même chose d'être serf et de
» payer le cens, d'être libre et de ne pas le payer.
» Il n'y avait pas de cens général et universel.
    » Ces servitudes s'étendirent prodigieusement
» par suite des guerres civiles. »
                                    (Montesquieu.)

Montesquieu, ainsi que nous venons de le voir,
a avancé que les Germains n'avaient pas de *fiefs*,

parce qu'ils n'avaient pas de terres à donner. Mais quand les peuples de cette vaste contrée se furent établis dans les pays subjugués, l'armée victorieuse se partagea les terres conquises. La propriété ayant été fixée par une forme constante, ce fut alors que les possesseurs des terres cherchèrent à s'attacher des compagnons (*comites*), qui les servaient dans toutes leurs entreprises, et à qui ils accordèrent, en récompense, des portions de terre qui, plus tard, devinrent des fiefs. C'est dans ce sens que Robertson explique leur origine.

(14)

(« Ces classifications furent mises à profit pour l'établissement de la féodalité, etc..... » Page 240.)

« On peut regarder l'introduction de l'esclavage germanique dans les Gaules comme l'origine de ce grand nombre de chefs de famille qu'on voit, dans les VII.e et VIII.e siècles, serfs de corps et de biens. Cette servitude était de différents genres. Quelques uns de ces serfs étaient nés dans les

foyers de leurs maîtres; d'autres étaient de véritables captifs, c'est à dire des prisonniers de
guerre que l'usage du temps condamnait à l'esclavage; d'autres avaient été achetés; d'autres
enfin étaient des hommes nés libres, mais con-
damnés à la servitude par jugement. Il y en avait
aussi qui s'étaient dégradés volontairement, soit
en se vendant eux-mêmes, soit en se donnant
gratuitement à un maître qui s'obligeait, de son
côté, à fournir à leur subsistance et à leur entretien. Au temps où les Francs s'établirent dans les
Gaules, le nombre des esclaves était beaucoup
plus grand, dans tous les pays, que le nombre des
citoyens ou des personnes libres. »

(L'abbé Dubos.)

(15)

(« Il y avait parmi eux des possesseurs
de *Manses*..... » Page 214.)

Le mot MANSE (*Mansio*) a reçu successivement
un grand nombre d'applications différentes.

Il servait également à désigner des maisons isolées, des auberges, des relais de poste et même des lieux de repos pour les troupes. C'est de ce mot dégénéré en celui de *masio* qu'est venue l'expression française *Maison*.

La *Manse* isolée, occupée par des cultivateurs, correspondait à ce qu'on entend, en France, selon les usages locaux, par *Borderie, Chaumière, Locature*. Ordinairement elle comprenait, outre la maison d'habitation, une étable et quelques portions de terrain cultivables.

Le mot *mansio* s'employait aussi pour déterminer la distance d'un lieu à un autre. C'était alors une journée de chemin (*); enfin, on se servait aussi de ee mot pour signifier une mesure agraire.

Le *Vassus* ou *Vassalus* était le propriétaire qui relevait d'un seigneur. Cette expression remplaça celle de *Comes* (compagnon), qui était en usage avant la répartition des terres conquises.

Allodes et *Proprietas, Allodum* et *Proprium* étaient des mots synonymes. Les propriétaires des terres allodiales ne relevaient, dans l'origine, d'aucun souverain, ni seigneur.

(*) Voyez les explications déjà données à cet égard note 8, page 267.

Vilain (*Villanus*) vient de ville, parce qu'autrefois il n'y avait de nobles que les possesseurs de châteaux ; et roturier, de rompre la terre (*rumpere terram*), labourer. Le mot roture a la même origine.

(16)

(« Ils différaient des esclaves par la rente fixe qu'ils étaient tenus de payer.... » Page 212.)

J'ai dit, page 17, que les pratiques encore en vigueur chez les Kalmoucks et les Baschirs donnaient une représentation assez fidèle des premiers essais de culture dans les siècles voisins du déluge universel.

On retrouve aussi, dans la plupart des contrées soumises à la domination russe, de l'analogie entre la condition des paysans attachés à la glèbe et celle des *villani*, qui exploitaient les terres des propriétaires romains.

En Russie, les paysans ne possèdent point de terres ; ils cultivent celles de la couronne ou celles de leurs seigneurs. Maison, cheptel, ins-

truments aratoires, ils tiennent tout de la munifi-
cence du maître.

La valeur des fonds, dit Storck, dépend,
en partie, de la situation et des propriétés
du sol, mais principalement du nombre des paysans qui sont employés à sa culture. C'est ce nombre qui sert de base pour déterminer le prix d'une
terre, quoique les avantages réels entrent pour
quelque chose dans cette évaluation.

» On dit, par exemple, tel a mille ames (*Douchi*),
c'est à dire possède une terre, qui a mille paysans
mâles, car les personnes de l'autre sexe ne sont jamais comptées; c'est aussi d'après ce calcul que
l'on fixe le revenu que l'on doit retirer de ses possessions.

» Quelques propriétaires partagent tous les
fonds entre les paysans, et prélèvent ensuite un
Abrok, ou contribution pécuniaire. D'autres, outre
l'*Abrok*, réservent une partie des terres que les
paysans cultivent par corvées. Enfin, plusieurs
ne perçoivent aucun *Abrok* de leurs paysans;
mais ils leur distribuent seulement la quantité de
terrain dont ils ont besoin pour leur subsistance;
tout dépend de la volonté du propriétaire, qui
n'est limitée par aucune loi.

» Lorsque les paysans sont seulement imposés à
payer un *Abrok* et qu'ils ont la jouissance de
toutes les terres (ce qui a lieu dans tous les fonds

appartenant à la couronne et à la plupart des nobles), le joug de la servitude est réellement très
léger, pourvu que l'impôt soit proportionné aux
facultés du paysan. »

(17)

(« Enfin, au dernier rang de l'échelle,
était la classe immense des esclaves...... »
(Page 212.)

« Race malheureuse que les lois féodales consi-
» déraient comme bêtes en parc, poissons en vi-
» viers et oiseaux en cage. Les malheureux es-
» claves, attachés à la glèbe, en étaient considérés
» comme une dépendance dont la propriété se
» transmettait avec celle de la terre.
» Autour du donjon de la grande tour de la
» châtellenie, on voyait une multitude de petites
» cases couvertes en bois et enfumées. Là, tous
» rangés près d'un large foyer, les serfs reposaient
» leurs corps fatigués par les travaux du jour. Dès
» que la cloche du monastère avait sonné Matines,
« et que les rayons de l'aurore avaient doré l'ho-

» rizon, le serf, revêtu d'une bure grossière, se
» rendait dans les champs voisins. Les uns défri-
» chaient la terre, les autres semaient le grain ;
» d'autres, attachés à la charrue, traçaient un pé-
» nible sillon. Le cruel majordome, muni d'un
» fouet aigu, l'excitait au travail. Lorsque midi
» arrivait, le serf pouvait se livrer au repos et à la
» prière, puis il reprenait la hache ou la cognée
» jusqu'à la cloche du soir. Le seigneur possédait
» sur lui toute espèce de droits.

(CAPFIGUE.)

(18)

(« La condition des neuf dixièmes de la
population devint plus insupportable encore par les exactions auxquelles les vainqueurs se livraient..... » Page 216.)

« De tout temps, même sous l'Empire des Ro-
» mains, les possesseurs des domaines avaient été
» les juges de leurs tributaires, mais ils les ju-
» geaient d'après les lois de l'État. Ces lois ne

» servirent plus de règles ; les coutumes, c'est à
» dire les volontés capricieuses des seigneurs, les
» avaient remplacées ; ce qui soumettait ces in-
» fortunés aux droits, aux taxes et aux corvées
» les plus arbitraires.

» . . . . . . Lorsque la France fut plutôt gou-
» vernée comme un grand fief que comme un
» royaume, toutes les prétentions se virent, en
» quelque sorte, légalisées. L'aristocratie, n'était
» auparavant, qu'une puissance de fait ; alors elle
» devint une puissance de droit.

(SÉGUR.)

(19)

(« Les hommes libres se vouèrent eux-
mêmes au servage..... » Page 246.)

Quand les guerres intestines eurent remplacé
les guerres étrangères, les propriétaires les moins
riches, les tributaires sans appui, implorèrent la
protection des hommes les plus puissants, offrant
leurs épées et leurs services sous le nom de *Vas-*

selage. — Ceux qui n'avaient pas voulu acheter leur sécurité par la protection d'un homme puissant et aux dépens de leur liberté, après avoir été opprimés par les guerres civiles, se trouvèrent réduits à un état pire que celui des tributaires et des serfs. Alors, pour échapper à l'oppression, ils consentirent à changer en *Main-mortables* les terres libres, ou *Allodiales*, qu'ils possédaient.

(20)

(Lorsque les peuples sont parvenus à cet état d'abrutissement, ceux à qui leurs fonctions donnent l'autorité peuvent satisfaire impunément leur vanité et leur ambition... Page 217.)

Voici l'éloquent, mais bien affligeant tableau que le comte de Ségur a fait de cette désastreuse époque.

« Toutes les traces de l'ancienne civilisation avaient disparu; les lois étaient sans force, les ·ois sans pouvoir, les grands sans frein, les riches

sans pitié, les prêtres sans mœurs. Les guerriers
combattaient sans art, s'égorgeaient sans raison,
fuyaient sans ordre, et, infidèles à leurs serments,
ne connaissaient de droit que la force. La guerre
ne donnait plus de gloire, la paix de repos.

« Les Gaulois, en changeant de maîtres, avaient
perdu leurs monuments, leurs richesses, leur industrie, et leur servitude s'était aggravée. Partout régnaient le crime, l'ignorance, l'anarchie ;
le résultat de la conquête n'était, pour la Gaule
opprimée, qu'un pacte funeste entre la barbarie
d'un peuple sauvage et la servilité d'une vieille
nation corrompue, entre la souple bassesse des
courtisans romains, l'ambition belliqueuse des féroces Germains et l'insatiable avidité d'un clergé
qui, abandonnant les voies de l'Évangile pour
celle de la fortune, sacrifiait les intérêts du ciel à
ceux de la terre et la religion qui élève l'âme aux
superstitions qui la dégradent. Au lieu de servir
d'appui aux opprimés, les prêtres s'associèrent aux
oppresseurs ; bientôt il suffit, pour s'assurer dans
une autre vie un bonheur éternel, de donner aux
Églises et aux Monastères une partie des biens
les plus mal acquis.

« Les Francs, autrefois égaux, pauvres et libres, devinrent nobles, riches, oppresseurs et opprimés. Sous leur tyrannie, toutes les cités gémi-
rent, toutes les campagnes furent dévastées. — Le

puéril orgueil de ces chefs de Barbares, méprisant l'agriculture et les travaux mécaniques, en fit le partage des esclaves.

» Depuis cette fatale époque, coutume, langage, opinion, tout changea. La fidélité domestique remplaça la vertu publique; le dévouement du vasselage tint lieu de patriotisme; un point d'honneur sanguinaire étouffa tout sentiment d'humanité; la vanité féodale prit la place de la fierté gauloise et romaine; enfin, il devint honteux de travailler et honorable de servir !

» . . . . . . Dans ces temps de superstition et d'abrutissement, les campagnes, autrefois si fécondes, se changèrent en déserts stériles et les temples en palais magnifiques. Les hommes libres devenaient serfs; les prêtres, oubliant l'Évangile, transformaient les humbles serviteurs du Christ en courtisans mendiants et en Leudes orgueilleux et puissants. Ils distribuaient, à leur gré, la renommée sur la terre, la vie éternelle dans les cieux; et la crédulité des peuples accroissait sans cesse leur pouvoir. »

(21)

(« Des démêlés qui ne se vidaient que
par les armes..... » Page 218.)

Le droit de faire la guerre privée supposait la
noblesse du sang et l'égalité de condition entre les
contendants. Les ecclésiastiques, constitués en di-
gnité, réclamaient également et exerçaient le droit
de guerre personnelle.

Les vassaux de chaque chef se trouvaient enve-
loppés dans la querelle.

Au commencement du ixe siècle, Charlemagne
chercha vainement à mettre un frein à ces guerres
privées qui se continuèrent pendant long-temps
encore après son règne. Enfin, en 1413, une or-
donnance de Charles VI les défendit, sous quelque
prétexte que ce fût.

La coutume des guerres privées existait également en Angleterre, en Espagne, et en Allemagne
où leur abolition n'eut lieu qu'en 1495.

La législation dut rester sans force contre ces
guerres, tant que le combat judiciaire fut admis.

(22)

(« La société féodale fut fondée sur divers degrés de suprématie...... » Page 220.)

Étienne Pasquier explique, ainsi qu'il suit (dans ses *Recherches sur l'Histoire de France*), comment, depuis la conquête de la Gaule par les Francs, s'établirent les différents modes de possession des terres.

« Les Francs étant arrivés ès Gaule et s'étant faits maîtres et patrons, ils établirent double police en cette contrée, l'une tirée des Romains et l'autre de leur propre estoc. Pourquoi ils divisèrent les terres en bénéficiales et allodiales, destinant les premières pour ceux qui faisaient profession des armes et celles-ci pour tous les sujets indifféremment. Les bénéfices ou fiefs qui, d'abord, étaient donnés à vie, sont depuis devenus patrimoniaux ; lorsque l'Église commença à s'enrichir,

19

on appela également bénéfices les aumônes des
gens de bien.....

» C'était chose familière aux Romains de rendre
les vaincus serfs fonciers et adscriptins (*adscripti*),
les vouant à l'agriculture avec certaines grandes
charges et redevances extraordinaires. Le Français
rendit au Romain ce qu'il avait prêté aux autres.
C'est pourquoi furent faites trois sortes d'hommes
en la Champaigne et quelques autres contrées des
Gaules. Les vaincus qui furent faits serfs, auxquels
on laissa leurs terres, mais avec tant de charges
pesantes qu'elles semblaient être plutôt à leurs seigneurs qu'à eux-mêmes, et, pour cette cause, furent appelés *gens de main-morte condition*. Les
capitaines et plus grands seigneurs qui avaient, de
leur vaillance, contribué à la conquête eurent,
pour leur département, les fiefs desquels dépendaient ces serfs. La troisième espèce fut des soldats
français qui conservèrent la liberté en laquelle ils
étaient nés, leur demeurant leur nom et origine
de Francs, comme si on eût voulu dire que tous
Francs, ou Français, étaient ordinairement de
condition libre. — De là vint encore une autre
condition pour les terres : par ainsi, il y avait trois
espèces de personnes, nobles, francs et serfs, et
autant d'espèces de terres, nobles, censuelles, et
en *franc alleud*. »

(23)

(« Déjà les richesses du clergé étaient
immenses..... » Page 225.)

« Près de la moitié du territoire des Gaules ro-
» maines appartenait au clergé des monastères, ou
» des cathédrales, et à chaque métropole, évêché ou
» presbytère étaient attachées de riches propriétés,
» bien tenues, qui se transmettaient de génération
» en génération de clercs, sans qu'il fût permis de
» les aliéner, car il s'agissait de biens de *main-*
» *morte*. Chaque église avait de nombreuses fa-
» milles de serfs qui défrichaient ses forêts et la-
» bouraient les jardins de l'évêque et des abbés.
» Par une application des principes du Vieux
» Testament et des droits de l'ancien Temple, les
» clercs prélevaient la dîme en nature sur tous
» les produits du sol. Pas un castel, pas une maison
» royale, pas un coin de terre du pauvre serf ou
» du pastourel qui ne fût soumis à cette redevance
» ecclésiastique. A l'approche de toutes les ré

» coltes, les délégués de la cathédrale se rendaient
» dans les champs et recevaient la dîme du vin ,
» des troupeaux, de l'huile sortant du pressoir,
» du blé foulé, du cidre, des fruits et même des
» fleurs.

» A cette influence que donnent la terre et les
» richesses, venaient se joindre celles des lumières
» et de l'instruction. . . . . L'Église était devenue
» la source unique de la vie sociale. »

(CAPFIGUE.)

» L'ignorance croissante diminuait le nombre
» des hommes assez instruits pour connaître et
» pour appliquer les lois. Ce fut pour cette raison
» que les tribunaux ecclésiastiques, plus éclairés
» et plus humains, acquirent, graduellement, tant
» d'extension et de puissance.

» L'Église était alors, pour ainsi dire, le dernier
» asile de la justice, et chacun chercha tous les
» prétextes, plus ou moins plausibles, qu'il put
» trouver, pour porter sa cause devant elle. L'am-
» bition d'un clergé habile sut profiter de ces
» circonstances ; il fit d'abord placer sous sa pro-
» tection les veuves, les orphelins et les pauvres;
» trouva le moyen de faire comprendre dans sa
» compétence, comme péchés, les sacriléges, les

» adultères et les incestes, et obtint enfin, par les
» dispositions de plusieurs édits, que, dans un
» grand nombre de cas, on pût appeler de la jus-
» tice civile à la justice ecclésiastique.

  » Ce qui leur donna, surtout, le plus grand cré-
» dit, ce fut l'influence éminente que prirent les
» évêques, mêlés avec les leudes, dans les assem-
» blées nationales et dans le tribunal du roi. »

(SÉGUR.)

(24)

(« Arborer l'étendard de la croix pour
combattre le mahométisme... » Page 227.)

La première croisade, qui date de 1096, fut
commandée par Godefroy de Bouillon, ayant pour
lieutenant Pierre *l'Hermite*.

Saint Bernard prêcha la deuxième croisade, qui
eut lieu en 1148 ; une troisième suivit en 1186 ;
une quatrième en 1201.

En 1244, Louis IX (saint Louis), attaqué d'une
maladie violente, crut, dit-on, entendre, dans une
léthargie, une voix qui lui ordonnait de prendre

la croix contre les Infidèles. Il fit vœu de se croiser
et l'exécuta contre l'avis de son conseil. — Devenu
captif en 1250, ce prince, doué d'éminentes qualités, eût sans doute réparé, à son retour en
France, le mal qu'avait fait son expédition, si,
sur les instances de Clément IV et de son frère,
Charles d'Anjou, roi de Naples et de Sicile, il
n'eût entrepris contre les Maures une nouvelle expédition qui lui coûta la vie. Il mourut en 1270,
devant Tunis, de la peste qui avait déjà détruit
une partie de son armée.

(25)

(« Les croisades coûtèrent à l'Europe,
déjà dépeuplée, deux millions d'hommes..... »Page 228.)

« Maret compte dix famines dans le x\ :superscript:`e` siècle, et
» vingt-six dans le xi\ :superscript:`e`. On affamait une province
» pour maintenir l'abondance ailleurs. »
                                        (GRÉGOIRE.)
« Ces famines, » dit Moheau (*Recherches sur*

la population de la France), « n'étaient pas des di-
» settes ordinaires . Il y en eut telle où les morts
» ont été déterrés et où l'on a vendu de la chair
» humaine (à Tournus, en 1032 et 1033). »

Dans ce même xie siècle (en 1006), la peste
étendit, pendant trois ans, sa furie sur une
grande partie de l'Europe, ainsi qu'elle l'avait fait
précédemment de 746 à 749.

Une autre peste, l'INQUISITION, fondée en 1204,
pendant la manie non moins destructive des croisades, causa de plus longs désastres, par le zèle fa-
natique et fongueux des dominicains.

En 1317, la famine et la peste désolèrent de
nouveau l'Europe. — Enfin , en 1347 et 1348, ce
dernier fléau, qui fit le tour du monde, se répan-
dant avec plus de violence encore, enleva près
d'un quart de la population et renouvela les
désastres qui avaient déjà deux fois dépeuplé la
terre , au temps d'Hippocrate , environ quatre
cents ans avant l'ère chrétienne, et sous le règne
de Justinien, en 558.

Il y eut, dans le cours du xive siècle, tant de misère en France, « le peuple était tellement appau-
» vri par les taxes, que les terres restaient sans cul-
» ture. On rapporte, et des titres le prouvent, qu'il
» y eut des cantons, dans le Valois, qui demeurè-
» rent trente années sans être labourés. Les mal-
» faiteurs et les vagabonds se multipliaient chaque

» jour ; les prisons ne suffisaient plus à renfermer
» les criminels. »

M. DE BARANTE,
(Histoire des Ducs de Bourgogne.)

On n'a recueilli que des données très incertaines
sur la population de l'Europe aux époques désas-
treuses que je viens de rappeler ; les recensements
étaient, ou entièrement négligés, ou très fautifs.

Selon Puffendorff, on comptait en France, sous
Charles IX, environ 20 millions d'habitants ; mais
le recensement, essayé à la fin du xvii\e siècle, n'en
porta la population qu'à 19 millions. — En 1763,
l'abbé d'Expilly l'évaluait à 22 millions ; le chiffre
qui donne le résultat du recensement de 1836 dé-
passe 33 millions cinq cent quarante mille, c'est
à dire que la population s'est accrue, depuis le
temps auquel se rapportent les calculs de l'abbé
d'Expilly, de 11 millions cinq cent quarante mille
ames, plus de moitié du nombre qu'elle atteignait
il y a soixante-treize ans. Si son accroissement con-
tinuait seulement à suivre une même progression
(il est plus accéléré depuis quinze ans), elle s'éle-
verait à 48 millions à la fin du siècle, et à près de
5o millions, si le mouvement actuel d'ascension
n'était pas ralenti ; elle aurait alors plus que dou-
blé depuis 1789.

Les ressources alimentaires se sont heureusement multipliées, jusqu'à ce moment, dans une proportion plus forte encore, puisque les véritables disettes sont devenues beaucoup plus rares. — La pomme de terre (*solanum tuberosum*), cette succédanée si précieuse, et pendant si long-temps ou inconnue ou négligée, des céréales, suffit, presqu'à elle seule, aujourd'hui, pour remédier aux mauvaises récoltes, la nature et la rapidité de sa formation la garantissant, mieux que toute autre plante alimentaire, de l'intempérie des saisons. On doit donc s'attacher avec soin, lorsqu'il n'y a pas, déjà, excès dans les approvisionnements, à conserver, le plus long-temps possible, une partie de la récolte précédente, afin d'être en mesure d'effectuer une seconde plantation si la première vient à manquer, ou si l'on devait s'attendre, par l'apparence des blés, après leur floraison, à un faible produit des céréales. La conservation des pommes de terre est facile; il suffit, pour l'assurer, de retarder l'alongement des yeux, en plaçant les tubercules, lorsque les gelées ne sont plus à craindre, par couches minces, dans des situations très aérées, et en les remuant souvent à la pelle. — Il convient aussi d'avoir l'attention de réserver, de préférence, pour ces plantations tardives, les tubercules les plus récemment récoltés dans le cours de l'année précédente.

(26)

(« Les croisades influèrent heureusement sur le commerce et sur l'état de la
propriété..... » Page 228.)

« Les Croisades, dit Robertson, en conduisant
en Asie des armées nombreuses tirées de toutes
les parties de l'Europe, ouvrirent entre l'Orient
et l'Occident une communication plus étendue qui
subsista pendant plusieurs siècles. Il en résulta
des effets très heureux et très durables pour les
progrès du commerce (*).

» Tant que se prolongea la manie des croisades,
les grandes villes d'Italie et des autres pays de
l'Europe acquirent la liberté, et avec elle des pri-

(*) Les croisés, en petit nombre, qui revinrent en
France, y rapportèrent aussi quelques pratiques agricoles
utiles et plusieurs plantes précieuses, dont ils introduisirent la culture.

viléges qui les rendirent autant de communautés
indépendantes et respectables. Ainsi, l'on vit se
former, dans chaque royaume, un nouvel ordre de
citoyens qui se vouèrent au Commerce et s'ouvrirent, par là, une route aux honneurs et à la richesse.

» Peu de temps après, la découverte de la boussole rendit la navigation plus assurée et plus au-
dacieuse.

» Les États d'Italie établirent un commerce régulier avec l'Orient, par les ports de l'Égypte, et
en tirèrent toutes les riches productions de l'Inde.
Ils introduisirent, en même temps, dans leur territoire, des manufactures de plusieurs espèces
qu'ils encouragèrent et soutinrent avec beaucoup
de vigueur et de soin. Ils imaginèrent différentes
branches d'industrie, et transplantèrent, de l'O-
rient, diverses productions naturelles, nées sous
des climats plus chauds, et qui fournissent encore
aujourd'hui les matériaux d'un commerce étendu
et lucratif......

» .... Le même esprit d'industrie agita le
Nord vers le milieu du xiii⁰ siècle.

» Les villes de Hambourg et de Lubeck ayant
commencé à commercer avec les peuples qui habitaient les ports voisins de la mer Baltique, elles
retirèrent tant d'avantages de cette union, que
d'autres villes s'empressèrent d'entrer dans la

confédération, et bientôt quatre-vingts cités, des
plus considérables, dispersées dans les vastes contrées qui s'étendent du fond de la mer Baltique
jusqu'à Cologne, se réunirent pour former la ligne
anséatique, devenue si formidable. »

(27)

(Les croisades déterminèrent l'émancipation des communes..... Page 228.)

« En France, l'aristocratie féodale prépara sa
» ruine en se resserrant peu à peu, en opprimant
» l'industrie bourgeoise qu'elle devait s'allier, et
» donna par là aux rois le moyen de la ruiner et
» de relever leur propre autorité, en protégeant et
» en affranchissant les communes.

» La noblesse anglaise suivit une autre marche.
» Dirigeant plus habilement son organisation
» qu'elle nous avait empruntée, elle s'unit aux
» communes pour contenir la puissance royale
» dans de justes bornes. La conservation de l'exis-
» tence des barons anglais et la liberté publique

» furent les fruits de cette heureuse alliance entre
» les communes et les nobles. »

(SÉGUR.)

Louis le Gros, en donnant aux rois le droit d'intervenir dans les contestations entre les communes
et les seigneurs, fortifia, en même temps, l'autorité royale et les libertés publiques ; il y contribua
aussi en faisant revivre la coutume introduite par
Charlemagne, d'envoyer, dans toutes les parties du
royaume, des commissaires (*Missi Dominici*), qui
recueillaient les plaintes et portaient les grandes
causes aux assises royales.

Enfin, en 1167, le pape Alexandre III déclara,
au nom d'un concile, *que tous les chrétiens devaient être exempts de la servitude.* C'est en vertu
de cette déclaration que L. Hutin ordonna que
tous les serfs qui restaient encore en France fussent affranchis.

(28)

(« Partout des efforts furent faits pour
comprimer l'anarchie et dissiper les ténèbres de l'ignorance..... » Page 230.)

« Le voile de l'ignorance couvrait toute l'Europe. On ne lisait, on n'écrivait ni dans les palais,
ni dans les châteaux, ni dans les couvents. Au
lieu de raisonner, on combattait. Les écoles fondées par Charlemagne étaient tombées, et, dans
le siècle de Hugues, on ne put compter qu'un petit
nombre d'évêques exemplaires et moins ignorans
que leurs compatriotes. Il fallait un grand amour
des lettres pour écrire, dans un temps où on ne
trouvait pas de lecteurs.

» Cette ignorance générale favorisait la superstition qui s'étendait sur les ruines de la religion.

» Les marchands qui, pour la plupart, étaient
Lombards ou Juifs, se trouvaient arrêtés et ran-
çonnés dans chaque seigneurie, dont le maître réglait, à son gré, les péages et les taxes. La cul-

ture, opprimée, avilie, se bornait aux besoins
d'une population misérable, peu nombreuse, et à
l'entretien d'un luxe grossier consistant plus dans
l'abondance que dans le choix des mets, et qui se
concentrait dans l'étroite enceinte des nobles
châteaux et des abbayes opulentes.

» La chasse peuplait, au détriment de l'agriculture, les forêts d'animaux dévastateurs.

» Les campagnes, la plupart désertes, ne montraient au voyageur qu'un vaste pays, à demi sau--
vage, où l'on voyait épars quelques domaines de
petits feudataires s'efforçant d'imiter, dans leur
rustique manoir, les coutumes orgueilleuses du
château, et, à grandes distances, sous le nom de
villages, des hutes habitées par des hommes dont
la vie presque brutale différait peu de celle des
animaux attelés à la charrue.

» Tel était l'état de cette France autrefois vivi-
fiée par les arts et par le luxe des Romains, si
fière du courage et de la liberté des Francs, si
puissante et si glorieuse sous le sceptre et sous le
glaive de Charlemagne. »

(SÉGUR.)

(29)

(La chevalerie provoquée par des sentiments généreux mis en action selon les
mœurs et les préjugés du temps...... Page
230.)

La Chevalerie était un établissement guerrier
qui avait pris naissance parmi les nobles possesseurs de fiefs, comme les confréries dévotes s'é-
taient établies parmi les bourgeois.

L'anarchie et le brigandage, qui désolaient l'Europe au temps de la décadence des descendants de
Charlemagne, donnèrent naissance à cette institution. Le temps des croisades fut celui de sa plus
grande vogue. Les croisés qui conduisaient leurs
vassaux sous leurs bannières furent appelés *Chevaliers Bannerets.*

« L'origine de la chevalerie, dit Robertson, fut
le produit naturel des circonstances où se trouvait
la société, et contribua puissamment à polir les
mœurs des nations de l'Europe.

« Le gouvernement féodal était un état perpétuel de guerre, de rapine et d'anarchie dans lequel les hommes faibles et désarmés étaient, sans cesse, exposés aux insultes de l'insolence et de la force. Le même esprit guerrier, qui avait engagé tant de gentilshommes à prendre les armes pour la défense des pélerins opprimés dans la Palestine, en excita d'autres à se déclarer les protecteurs et les vengeurs de l'innocence opprimée en Europe. Les mœurs se polirent et s'adoucirent, lorsque la courtoisie fut regardée comme la vertu la plus aimable d'un chevalier. La chevalerie contribua donc à graver profondément dans les âmes les principes de l'honneur et de la générosité. »

(30)

(« Ce fut en Égypte, au IIe siècle, que commença la vie monastique..... » Page 231.)

La note chronologique qui suit servira de preuve

et d'appui à ce que j'ai dit sur l'établissement et l'influence des monastères.

En 305, Saint-Antoine fut tiré, comme par force, du château isolé où il avait fixé sa demeure. Ce fut alors qu'on vit s'établir près de lui plusieurs monastères, source de tant d'autres, qui peuplèrent ensuite les montagnes et les déserts.

En 358, saint Basile se retira dans la solitude du Pont, où il prêcha et fonda plusieurs monastères.

En 390, une loi de Théodose, révoquée par lui, deux ans après, enjoignit aux moines de se retirer dans les lieux déserts et d'habiter les solitudes. Cette loi avait pour motif de réprimer le zèle indiscret des moines d'Égypte et de Syrie, qui venaient dans les villes importuner les juges, jusqu'à exciter des séditions, pour obtenir la grâce des criminels, et qui faisaient une guerre ouverte aux païens en abattant les idoles et les temples (*). L'Orient était

(*) L'esprit immodéré de prosélytisme qui a toujours animé les congrégations religieuses a été la première cause de beaucoup de troubles civils et, dans plus d'une circonstance, le plus grand des obstacles aux progrès soutenus du christianisme. Il a, par exemple, motivé l'interdiction, souvent renouvelée, des relations des peuples du Japon et

aussi troublé alors par un grand nombre de moines vagabonds.

On distingua, d'abord, trois sortes de moines :

de la Chine avec les Européens. Si on s'était attaché à restreindre celles-ci aux opérations commerciales, il est à présumer qu'elles se seraient peu à peu assez étendues, pour établir insensiblement, avec ces peuples, des rapports de mœurs et même de croyance. Nous ne verrions pas. encore aujourd'hui, l'empereur de la Chine renouveler ses édits de proscription contre tous ceux qui professent la religion chrétienne, et conserver des idées assez fausses de cette religion pour la représenter comme contraire aux bonnes mœurs. De combien la prospérité de l'Europe ne se serait-elle pas accrue, si elle eût pu répandre, depuis plusieurs siècles, les produits de son industrie dans la contrée la plus peuplée de notre globe, au lieu d'être obligée de les concentrer dans le seul port de Canton? Les prédications religieuses ne sont à leur place qu'auprès des peuples qui sont déjà soumis à une domination, civile et politique, étrangère, et encore faut-il procéder avec bien de la prudence et du ménagement. Nous aurons besoin de l'une et de l'autre dans notre colonie de l'Algérie. Des missionnaires fanatiques, imprudemment tolérés, y compromettraient promptement, et peut-être sans remède, nos intérêts et la sécurité des colons Européens.

les Cénobites, qui vivaient en commun dans un monastère, sous un supérieur; les Anachorètes, qui vivaient dans le désert; et les Sarabaïtes, qui habitaient deux ou trois dans des cellules Ces derniers étaient des ouvriers vagabonds, adonnés à la débauche.

La plupart de ces moines étaient laïcs; tout leur emploi consistait au travail des mains et en prières.

Les moines se multiplièrent en Occident pendant le ve siècle. La plupart étaient devenus fort riches; ceux qui entraient dans les communautés établies faisaient, en leur faveur, l'abandon de tous leurs biens. On recevait, dans ces communautés, des personnes de tout âge et de toute condition.

Les moines grecs n'avaient pas d'esclaves, mais les moines latins en avaient.

Au viiie siècle, l'institution monastique, décriée en Orient, jouissait en Occident de la plus haute considération; il n'était pas rare de voir, dans cette partie de l'Europe, les rois quitter la pourpre pour se revêtir du cilice, et descendre de leur trône pour mener une vie obscure et pénitente.

Les abbés de Saint-Martin de Tours et de Saint-Denis, en France, obtinrent du pape Adrien la permission d'avoir des évêques particuliers attachés à leurs monastères.

Saint Isidore ayant établi, en 619, que les jeunes gens donnés par leurs parens à son monastère y étaient engagés à toujours, le concile de Tolède confirma cette règle en 656, sous la restriction que les parents ne pourraient les offrir que jusqu'à l'âge de dix ans.

En 670, le concile d'Autun défendit aux moines d'avoir rien en propre et de venir dans les villes, si ce n'est pour les affaires des monastères. Il leur fut ordonné de travailler en commun et d'exercer l'hospitalité, sous peine d'être fustigés et excommuniés pour trois ans.

En 770, l'empereur Constantin Copronyme ordonna aux moines et aux religieuses de quitter la vie monastique et de se marier. Ceux qui refusaient étaient envoyés en exil dans l'île de Chypre, et avaient les yeux crevés.

En 817, il fut imposé aux moines une discipline uniforme, sous la règle de saint Benoît, qui avait formé, en 529, le monastère du mont Cassin. Le travail des mains y est recommandé.

Dans le xii° siècle, la profession monastique devint un degré pour parvenir à l'épiscopat; c'était dans les retraites habitées par les moines que l'étude des lettres avait été le moins abandonnée.

Dans ce même siècle, l'ardent provocateur des croisades, saint Bernard, fonda ou agrégea, à son ordre, soixante-douze monastères en France,

en Espagne, dans les Pays-Bas et en Angleterre.
Ce nombre s'éleva même à cent soixante, en y
comprenant les fondations faites par les abbayes
dépendantes de Clairvaux.

(31)

(« Les moines convertirent en vastes
étangs des marais insalubres..... » Page
233.)

« Les moines jadis trop préconisés, aujourd'hui
trop décriés, les moines, espèce de république dont
les règles offraient, depuis long-temps, l'image
du système représentatif, avaient remis en honneur
le travail des mains et recueilli les procédés utiles de l'art rural. Les sciences et les lettres, épou-
vantées par les cris des Barbares qui ravageaient
l'Europe, se réfugièrent dans les cloîtres. Les arts
et les métiers trouvèrent un asile autour des monastères; on y bâtit des villages dont un grand
nombre devint des villes. Les enfants de saint
Benoît et de saint Bernard conservèrent les mo-

numents du génie et défrichèrent les cantons où
ils avaient choisi leurs retraites.

» La Lombardie doit aux moines l'art des irri-
gations, au moyen desquelles l'agriculture y a devancé d'un siècle celle des nations oisives. Souvent
ils échangeaient des fonds améliorés contre des
domaines plus vastes, mais incultes. »

(GRÉGOIRE.)

Les moines des abbayes de Saint-Cyran et de
Meobec, fondées vers le règne de Dagobert, dans
la partie de l'ancien Berri, désignée sous le nom
de Brenne, arrondissements du Blanc et de Châ-
teauroux, département de l'Indre, sont les créa-
teurs des nombreux étangs qui couvrent ce canton.
Ils furent provoqués à les établir par leur règle, qui
les astreignait à s'abstenir de l'usage de la viande,
et, en même temps, par la nécessité d'emprison-
ner les eaux qui s'étendaient, en faibles couches,
sur la surface d'un sol imperméable, et dont l'éva-
poration empestait l'air. Ils y furent aussi conduits
par les besoins de leurs troupeaux, car il est digne
de remarque que cette contrée, si couverte d'eau
en hiver, en éprouverait une disette presque to-
tale en été, si les réservoirs artificiels, qui remplacent les sources, y étaient entièrement supprimés,

comme on s'était imprudemment avisé de l'ordonner en 1793.

Les moines ont également concouru à la construction des chaussées de la Bresse et du pays de Dombes, voisins de la célèbre abbaye de Cluny, où, à l'époque de sa plus grande splendeur, on a compté jusqu'à quinze cents de ces cénobites (*). L'établissement des étangs était en si grande faveur dans la Bresse, qu'on leur sacrifiait jusqu'à la propriété d'autrui ; car le constructeur d'une chaussée entrait, par ce seul fait, en possession de tout le terrain qu'il parvenait à couvrir d'eau. Il lui était permis d'envahir les terres voisines pendant deux ans. Le propriétaire du fonds ou de l'*Assec* n'avait et n'y conserve encore qu'un an de jouissance sur trois.

« Les moines, a dit le vénérable et savant
» M. Tessier, se livrèrent au défrichement des
» terres avec un zèle et une intelligence dont on
» a, depuis, toujours ressenti les effets. »

(*) J'ai consigné, en 1826, d'assez longs développements sur les *étangs* de la Bresse et de la Brenne, dans un mémoire qui fait partie du 35e volume des *Annales de l'agriculture française*, mémoire dont quelques exemplaires, tirés séparément, peuvent se trouver encore à la librairie de Mme Huzard, rue de l'Éperon, n° 7.

(32)

(Lorsque l'art d'employer les chiffons de linge à fabriquer du papier eut été mis en pratique..... Page   .)

Mabillon fixe le xie siècle comme l'époque où on a cessé d'employer le *Papyrus* pour écrire.

Les Chartes les plus récentes sur Papyrus, qu'on possède en Italie, sont du milieu du xie siècle.

L'usage du papier d'écorce d'arbre s'y est conservé plus tard. Ce papier se fabriquait avec le *liber*, c'est à dire avec la pellicule mince adhérente à l'écorce intérieure ; cette substance se distingue difficilement du Papyrus.

Des bulles des papes Sergius II, Jean XIII, et Agapth II, depuis 844 jusqu'en 968, sont écrites sur *papier de coton*.

On sait que le Papyrus était le produit d'une sorte de roseau cultivé principalement en Égypte. Selon Théophraste, il pousse sur la terre même et trace dans le limon des racines obliques, grêles

et nombreuses; au dessus sont les tiges qui fournissent les *Papyres*, proprement dits, longs d'environ quatre coudées.

(*Voyez* MILLIN, *Dict. des beaux-arts.*)

Dans un ouvrage sur la Chine, publié par
M. Davis, ancien président de la compagnie des
Indes anglaises, et récemment traduit en français,
on lit ce qui suit :

« Du temps de Confucius, les Chinois écri-
» vaient avec un stylet sur l'écorce du bambou
» apprèté, ils se servirent ensuite de soie et de
» toile ; ce qui explique pourquoi le caractère *tchi*
» (papier) est composé de celui qui signifie *soie.*
» Ce ne fut qu'en l'année de Jésus-Christ 95,
» que le papier fut inventé. Les matériaux que les
» Chinois emploient pour sa fabrication sont très
» variés. Le gros papier jaune dont ils se servent
» pour envelopper les paquets est fabriqué avec
» de la paille de riz. Le meilleur papier est com-
» posé de l'écorce d'une espèce de mûrier et de
» coton, mais surtout de bambou... Le papier se
» colle en le trempant dans une solution de colle
» de poisson et d'alun. Les feuilles ont ordinaire-
» ment trois pieds de longueur et deux de lar-
» geur. Le beau papier à lettre est satiné avec
» des pierres polies, après avoir été collé. »

Les assertions de M. Davis ne s'accordent pas entièrement avec les *Fastes de la monarchie chinoise*, qui font partie du grand ouvrage du Père Duhalde. Il y est dit, au chapitre qui concerne Ven-Ti, troisième empereur de la dynastie des HAN, que c'est sous son règne (*commencé 177 ans avant Jésus-Christ*) qu'on trouva le secret de faire du papier, en broyant du Bambou dans des moulins faits exprès. Jusqu'alors, on n'avait écrit que sur des feuilles, ou sur des écorces, avec un poinçon de fer.

Il existe un grand nombre de manufactures de papier dans la ville de Ning-Kove-Fov, province de Kiang-Nang, dont Nankin est la capitale.

La province où l'on trouve le plus grand nombre de bambous est celle appelée Tchékiang.

Il se fabrique aussi une grande quantité de papier avec l'écorce intérieure d'un arbre appelé Tchu-Kou, ou Kou-Chu, espèce de mûrier qui croît sur les montagnes dans des endroits pierreux.

Les personnes qui désireront plus de détails peuvent consulter la *Description générale de la Chine*. Duhalde y donne, page 240 et suivantes du troisième volume, l'extrait d'un ouvrage chinois qui traite de la fabrication du papier et de celle de l'encre.

J'ajouterai, également, d'après Duhalde, qu'il se fait beaucoup de papier de coton en Chine. On

fabrique à Ning-Hia, grande ville de la Tartarie chinoise, une autre espèce de papier *avec du
chanvre battu et mêlé à de l'eau de chaux.*

Depuis quelques années, l'art de fabriquer le
papier a fait de grands progrès en France, et l'on
y emploie, dans les papeteries, un grand nombre
de matières végétales, totalement négligées jusqu'ici, qui procurent des produits très variés. On
est parvenu aussi à bien imiter le papier de
Chine. La Société d'encouragement pour l'industrie
nationale vient même de récompenser par une
médaille d'or les succès obtenus, dans ce genre de
fabrication, par les propriétaires de la papeterie
d'Écharcon; ces succès doivent faire désirer que
l'on puisse acclimater, si ce n'est en France, au
moins dans nos colonies de l'Algérie, les diverses
espèces de Bambou qui se cultivent dans les parties
humides des provinces méridionales de la Chine.
On ne doit pas moins souhaiter qu'on se livre, dans
les mêmes colonies, qui peuvent déjà fournir
l'*Agave*, à l'importation de l'arbre à thé, du
Phormium tenax, du *Palma-Christi*, et peut-être
même, dans les situations les plus chaudes et les
mieux abritées, à quelques tentatives de culture de
l'*Hévé*, qui produit le *Caoutchouc* (la gomme
élastique, dont l'emploi s'étend chaque jour).

arbre déjà transporté, avec réussite, à Cayenne. Mais c'est au gouvernement à faire, dans ses jardins de naturalisation, de premières épreuves de toutes les productions que le sol et le climat de la France ne peuvent pas fournir à ses approvisionnements. Nos possessions africaines, bien dirigées, doivent alimenter, par la suite, nos fabriques d'étoffes de coton, et satisfaire également aux besoins de notre industrie en soie, en huile, et en la plupart des matières tinctoriales, y compris la cochenille.

DIGRESSION

RELATIVE AU *CODEX ARGENTEUS*,

Manuscrit précieux de la bibliothèque

D'UPSAL.

—

Mes remarques sur le *Papyrus* et sur l'origine de l'emploi du papier de linge m'ont excité à rechercher, dans mes notes relatives à une tournée que j'ai faite en Suède en 1795, époque où j'y remplissais des fonctions diplomatiques, ce que j'avais écrit concernant le fameux manuscrit de format in-4°, nommé *Codex argenteus*, que l'on suppose être une copie de la traduction des Évangiles, en langue gothique, attribuée à l'évêque Ulphilas, apôtre des Goths au IV° siècle. Ce livre fut découvert, en 1597, dans la bibliothèque de l'abbaye de Verden, en Westphalie, d'où on le

transporta à Prague. Les Suédois ayant
pris cette ville d'assaut, en 1648, le *Codex
argenteus* échut au général Kœnigsmarck,
qui en fit présent à la reine Christine :
celle-ci le donna, dit-on, à Isaac Vossius ;
il fut, selon d'autres récits, dérobé par ce
savant. — A sa mort, le comte Magnus de
la Gardie acheta le manuscrit 250 livres
sterling, et en fit cadeau à l'Université
d'Upsal.

Comme le *Codex argenteus* a été l'occasion d'un grand nombre de doctes dissertations, et qu'après l'avoir examiné avec
beaucoup d'attention je n'ai pas cru devoir
partager l'opinion du voyageur W. Coxe,
et moins encore celle de son traducteur
Mallet, je demande la permission de clore
mon travail *historico-agronomique* par une
digression qui serait toujours un *hors-
d'œuvre*, quelle que fût la place que je lui
assignasse dans mes publications.

D'après W. Coxe, on ne s'accorde même
pas sur la nature de la substance qui a reçu

les caractères; on n'a pas déterminé, avec
certitude, si ce volume est écrit sur vélin,
sur parchemin, ou sur *Papyrus*. Les feuilles
ont une teinte violâtre; c'est sur ce fond
que les lettres, qui sont toutes capitales,
ont été peintes en couleur d'argent, excepté
les initiales, et quelques passages qui sont
en couleur d'or.

W. Coxe ajoute qu'il s'est convaincu que
chaque lettre est *peinte* et non *imprimée*,
comme quelques auteurs l'ont assuré, au
moyen d'un fer chaud appliqué sur des
feuilles d'or et d'argent.

Voici le précis de la réponse de Mallet
aux remarques du voyageur anglais.

M. Jhré, célèbre professeur d'Upsal, est
le premier qui a avancé que le *Codex ar-*
genteus, quoique d'une très grande ancienneté, n'a été écrit ni avec une plume, ni
avec un pinceau, mais que les caractères
ont été *réellement imprimés,* et qu'à cet
égard c'est un manuscrit unique dans le
monde, quoique l'on sache, d'ailleurs,

qu'il y avait une manière d'écrire, connue des anciens sous le nom d'*Encaustum*, à cause d'un fer chaud dont on se servait pour imprimer les caractères, méthode oubliée depuis long-temps.

1°. Les caractères du manuscrit sont manifestement creusés au *folio recto* et relevés au *folio verso*. On peut s'en convaincre par le toucher. Les doigts peuvent suivre facilement tous les traits des lettres, et quoique la couleur soit perdue dans plusieurs, on peut les reconnaître par le *sillon* tracé d'un côté et les bords saillants du côté opposé ; ce qui ne peut être l'ouvrage d'un pinceau, ni d'une plume, avec quelque force que le copiste l'eût appuyée.

2°. Ce qui prouve que c'est avec un fer chaud que le caractère a été imprimé, c'est qu'on trouve, très souvent, que ce caractère a percé le papier de part en part, au lieu qu'il est très bien conservé à la marge et dans l'intervalle des lignes des mêmes feuilles.

Cette partie détruite conserve exactement

la forme des lettres; et on ne peut pas dire
que ce soit là l'ouvrage de la couleur, puisque cette couleur, n'étant que de l'argent
ou de l'or, ne paraît avoir eu rien de corrosif. Il est donc bien plus probable que
l'effet a été produit par le trop grand degré
de chaleur du feu, ou par un effort trop
violent de l'imprimeur.

3". Tous les traits des lettres se ressem-
blent tellement qu'il n'y a, dans aucune, la
plus petite irrégularité.

4°. On reconnaît, en quelques endroits,
les traces d'un enduit de cire, ou d'une espèce de colle qu'on y a appliquée, sans doute,
pour fixer les feuilles d'or et d'argent. Or
cette cire, ou cette colle, eût été inutile, ou
même tout à fait contraire au travail de la
plume ou du pinceau.

5°. Les erreurs ou fautes qui se trouvent
quelquefois, dans le manuscrit, sont de
nature à confirmer encore cette opinion. Il
y en a qu'un copiste n'eût guère pu com-
mettre, mais que la transposition d'un caractère explique fort naturellement : ainsi

quand on voit le mot *aibr*, très difficile à prononcer, à la place du mot *bair*, on sent là l'erreur d'un imprimeur qui transpose des caractères, plutôt que d'un copiste qui écrit ce qu'il n'a pas bien lu, etc.....

J'étais fort jeune lorsque j'ai visité la bibliothèque d'Upsal, et très incapable d'apprécier les savantes dissertations par lesquelles un grand nombre d'érudits ont, tour à tour, cherché à prouver, les uns, que le Codex est écrit dans la même langue et avec les mêmes lettres en usage, au 4ᵉ siècle, chez les Goths de Mœsie (les ancêtres des Suédois actuels), et que c'est une véritable copie de la version faite par Ulphilas ; les autres, que ce n'est qu'une traduction des évangiles dans l'ancien idiome des Francs.

Mais mon jugement ne porte que sur des faits du ressort des yeux et du tact, et je me persuade encore que ni les uns, ni l'autre, ne m'ont trompé. Je vais donc transcrire, presque littéralement et sans changement

de forme, les observations que j'avais con-
signées sur mon journal, en sortant de la
bibliothèque d'Upsal, ayant sous les yeux
les remarques de **W**. Coxe et celles de
Mallet.

« Après avoir examiné le *Codex argen-*
teus avec le plus grand soin, je crois que les
lettres ne sont ni *peintes* ni *imprimées*, mais
qu'elles ont été tracées avant l'application
de la feuille d'argent, conformément à ce
que pratiquent encore les doreurs. Il me
suffira de dire, pour détruire l'opinion de
Coxe, que, dans les pages où la feuille
d'argent est enlevée, on retrouve bien la
trace des lettres, mais qu'elle n'est indiquée
que par une teinte noirâtre, produite par
le frottement et l'application de l'argent.
On ne remarque *une trace plus forte* que
sur les simples lignes qui déterminent la
forme des lettres, comme il arrive lorsqu'on la dessine avec un crayon. Il est à
faire observer que chaque plein des lettres
a près d'une ligne de largeur. Il est donc

probable, je le répète, que l'argent a été appliqué sur des lettres tracées.

» Mallet prétend, d'après M. Jhré, que les caractères ont été réellement imprimés au moyen d'un fer chaud.

» 1°. Je nie que les caractères soient manifestement creusés au folio *recto* et relevés au folio *verso*. J'ai passé, à plusieurs reprises, les doigts sur différents feuillets, et je me suis convaincu que les légères inégalités que l'on peut y sentir ne proviennent que de l'épaisseur de la feuille d'argent. Si on fait les mêmes épreuves sur les feuilles où l'argent est enlevé, on ne sent plus rien ; je n'ai reconnu d'autre *sillon* que les lignes tracées *transversalement* pour diriger la main de l'écrivain ; lignes tracées, sans doute, avec un corps dur, tel, par exemple, qu'un poinçon ou un stylet. Leurs traces, très saillantes d'un côté seulement, sont une nouvelle preuve que les lettres n'ont pas été imprimées avec un fer chaud ; car alors, cette convexité se ferait principalement remarquer du côté opposé à l'impression, ce qui n'existe pas.

» 2°. Je ne crois pas davantage que les trous qui se remarquent à certaines pages proviennent de l'impression par le fer chaud qui a percé de part en part. N'ayant pas reconnu qu'ils suivissent exactement la direction de l'écriture, je ne puis les attribuer qu'à la vétusté du manuscrit, ou à des piqûres d'insectes. Ce qui confirmerait même cette dernière assertion, c'est que plusieurs feuillets de suite sont percés aux mêmes places. Quelques uns de ces feuillets sont devenus presque illisibles : je suis persuadé que la traduction n'a pu en être faite sans le secours d'une version latine, à laquelle le traducteur aura été, quelquefois, forcé de recourir pour ressaisir le sens du *Codex*.

» 3°. La régularité des lettres semble plutôt corroborer mon assertion que la détruire, puisque, des lignes transversales ayant été préalablement tracées, l'ouvrier, ou plutôt l'écrivain, aura pu figurer ces lettres avant *l'application de l'argent*. Dans le but de

rendre son ouvrage plus parfait, il se sera
appliqué à leur donner les mêmes dimensions et la même forme. Cette remarque
peut se justifier par les résultats de l'examen d'anciens manuscrits sur vélin. Il en
existe un à la bibliothèque d'Upsal, exécuté
avec le plus grand soin, et que l'on prendrait
pour un livre imprimé, tant le caractère de
l'écriture a de régularité.

» 4°. Les traces d'un enduit de cire ou de
colle que l'on croit reconnaître en plusieurs
endroits prouvent aussi qu'on ne s'est servi
ni de la plume, ni du pinceau. Cet enduit,
s'il est effectivement répandu sur toutes les
pages, n'aura été appliqué qu'au moment
où il aura fallu couvrir les lettres, déjà
tracées, de feuilles d'or ou d'argent.

» 5°. La transposition de la lettre *B* du
mot *bair*, écrit *aibr* dans le manuscrit, ne
peut paraître suffisante pour détruire les
raisons que j'ai alléguées ci-dessus et prouver que le livre est imprimé avec un fer
chaud.

» Je le répète, les lignes horizontales

tracées pour diriger la main de l'écrivain, et dont la convexité est très sensible, sont la plus forte preuve qu'on n'a pas employé le fer chaud pour imprimer les caractères. Il eût été, d'ailleurs, bien difficile d'écrire alors des deux côtés, comme cela a eu lieu dans le *Codex*. Presque toutes les lignes sont tracées sur le *verso* et ont leur partie saillante au *recto*. Il n'y a qu'un très petit nombre d'exceptions. »

J'ajouterai aujourd'hui, parce que cela est étranger à ma dissertation sur le *Codex argenteus*, que le professeur Jhré me paraît avoir confondu *Encaustum* avec *Encaustica*. Cette dernière expression s'appliquait, en effet, à une manière de peindre, pour laquelle les Romains faisaient usage du feu. C'était ce que nous appelons *Encaustique*. L'*Encaustum* était une espèce d'encre, dans la composition de laquelle il entrait de la couleur pourpre et dont les empereurs s'étaient réservé l'emploi : ils s'en servaient pour signer leurs ordonnances (voyez Pitiscus et Millin).

L'article *encre* du *Dictionnaire raisonné de Bibliologie* contient ce qui suit : « On » voit, dans beaucoup de bibliothèques, des » manuscrits écrits en lettres d'or. Voici » comment se préparait cette *encre*. On » pulvérisait l'or que l'on mêlait avec l'ar- » gent; on l'appliquait au feu et on y jetait » du soufre; le tout, réduit en poudre sur » le marbre, se mettait dans un vase de » terre vernissé : on l'exposait à un feu » lent, jusqu'à ce que la matière devînt » rouge; on la rebroyait après, on la la- » vait dans plusieurs eaux pour en déta- » cher toutes les parties hétérogènes, et, la » veille du jour qu'on devait s'en servir, on » jetait de la gomme dans l'eau et on la fai- » sait chauffer avec l'or préparé; puis on » en formait les lettres et on les recouvrait » d'eau gommée, mêlée d'ocre ou de cina- » bre. D'anciens manuscrits attestent aussi » qu'on se servait d'encre d'argent. »

En supposant que l'argent et l'or eussent été appliqués sur les lettres du *Codex argenteus* au moyen d'une préparation conforme à celle qui est décrite par Peignot, et que cette encre eût été employée en faisant usage d'un pinceau, son emploi n'aurait eu lieu, d'après mes observations, que sur le tracé préalable des lettres, exécuté entre les lignes transversales tirées pour guider la main de l'écrivain.

TABLE

DES MATIÈRES.

PREMIÈRE ÉPOQUE.

A.

Ambassades mémorables au Japon, citées à l'occasion des temples consacrés au bœuf et à la vache (20). — Ce qu'on y lit sur la fabrication d'une boisson en usage dans l'île de Formose (151).

Américains, moins bien partagés que les peuples répandus sur les autres parties de la terre. — Ne connaissaient pas le fer. — La Vigogne et le Lama étaient les seuls animaux dont ils retiraient de l'utilité (28). Réduits, pour ainsi dire, à la culture du Maïs et à la stérile richesse de leurs mines (29). — Donnaient les plus grands soins à l'irrigation des terres et à la préparation des engrais. — Adoraient le Soleil (30). Le législateur des Péruviens avait fait des travaux agricoles le fondement de la doctrine religieuse (29, 30, 134, 142).

Amérique, ses hautes montagnes peuvent avoir servi d'asile à des peuplades antédiluviennes (9). — Le Maïs y était le principal grain alimentaire (29). — Procédés de culture des Péruviens décrits par Garcilasso de la Vega (134).

Ammon, divinité des Egyptiens, dont les attributions répondaient à celles du Jupiter des Grecs (13).

Amurca, mélange de nitre et de marc d'huile. — Son usage (70). — Employé pour disposer à la germination les graines légumineuses (172).

Axes, employés à la culture des terres par plusieurs peuples de l'antiquité. — Rares encore dans la Gaule au vr siècle (86).

Animaux domestiques, choisis pour signe primitif de la richesse (14). — Deviennent un objet d'adoration (20). — Leur empreinte se gravait sur les monumens (57). — Voyez *bœuf, cheval, mouton, porc.*

B.

BACCHUS, chez les Grecs, était le même qu'Osiris chez les Égyptiens (13).

BARTHÉLEMY, comment il rapporte que se réglait, en Grèce, la taille de la vigne (147).

BATTAGE des grains, divers procédés mis en usage pour l'effectuer (27).

BEATSON (le général) , ce qu'il dit des charrues indiennes (128).

BÊCHE (la) des Romains avait la même forme que celle dont nous faisons usage (28).

BEURRE (le) était à peine connu des Romains. — Aristote le considérait comme une espèce d'huile (143). — Les Indiens et les Patriarches le connaissaient. — Il en est fait mention dans le livre de Job. Les Celtes savaient le préparer (144).

BIÈRE (la) fut pendant long-temps la boisson la plus en usage dans la Gaule et dans la Germanie (43). — Comment elle se préparait (152). — Epigramme de Julien l'Apostat sur cette boisson (153).

BLÉS, peines contre ceux qui les dévastaient (182 et 183). — Voyez *Agriculture* , *Récoltes*.

BOEUF (le) était, chez les Romains, l'objet d'une préférence

marquée. — Ce fut d'abord un crime de le tuer pour une
autre destination que des offrandes aux dieux. Son image
se sculptait sur tous les monumens publics (56).

bours donnés dans l'Inde avant l'ensemencement du riz (129).

Burates Dauriens, leurs nombreux troupeaux (81).

C.

Canaux, employés par les Égyptiens, les Chinois et les Péruviens pour arroser et fertiliser les terres (168).

Caou-in, boisson fermentée, en usage au Brésil (45).

Carenum, espèce de raisiné fabriqué par les Romains (151).

Carotte. Pline en fait mention sous le nom de *Daucus gallica* (178).

Caton, quelques uns de ses préceptes cités (73). Ses recommandations relatives aux saignées à pratiquer dans les champs, pour l'écoulement des eaux (169).

Cécrops, porte de l'Égypte dans la Grèce les bienfaits de l'Agriculture (13).

Céréales, s'accommodent de presque tous les climats (34). — Soins que les Athéniens apportaient à prévenir leur renchérissement (167). — Voyez *Agriculture, Assolements, Récoltes.*

Cérès, adorée par les Grecs comme déesse des moissons (14). — Les mêmes lui attribuaient le premier emploi des socs en fer (22).

CHOUX , regardés par les Grecs comme le premier des médicaments (72). — On croyait que leur usage prévenait l'ivresse ou remédiait à ses effets (175).

CHRONOLOGIE. Notice chronologique pour la première époque (117).

CIDRE. Cette boisson était connue des anciens (44).

CINCINNATUS, retiré de la charrue pour commander les armées romaines (15).

CLÔTURES des terres. Quelles étaient celles dont les Grecs et les Romains faisaient usage (183).

COCHON. Voyez *Porc*.

COLONIES. Se sont formées avec lenteur (10). — Une des premières fut fondée par les Hébreux, sortant de l'Égypte, sous la conduite de Moïse (13).

COLONS. Faisaient , chez les Romains, partie de la dernière des Centuries (62). — Droits exercés sur eux par les propriétaires. — Étaient soumis , comme les esclaves, à des châtiments corporels. — Ne devenaient libres que par prescription trentenaire. — Leur nombre constituait le degré de valeur des terres (63). — La plupart payaient un cens fixe (64). — Leur condition chez les Grecs (114).

COLUMELLE. Moyens qu'il indique pour accroître la masse des engrais (69). — Considère l'art de la culture comme très difficile à acquérir (73). Un de ses préceptes d'économie rurale cité (74). — Procédé qu'il recommande d'employer pour la destruction des fougères (170).

COMMERCE (du) chez les Romains et les Grecs (109).

D.

Diotas, vases servant aux lustrations des vignes et la conservation du vin (149).

Documents supplémentaires (79).

Domitien fait arracher les vignes dans les Gaules (11).

Dureau de la Malle. Son opinion sur l'ancienneté et l'usage de l'écriture (123).

E.

Eau de vie. Ne paraît pas avoir été connue des anciens. — Hippocrate avait mis sur la voie de sa découverte (41).

Eschyle. Ses recommandations relatives à la culture des terres (163).

Eckberg, cité (99). — Ses renseignements sur l'économie rurale des Chinois (170 à 172).

Économie rurale des Chinois d'après Eckberg (170 et 171). — Voyez *Agriculture.*

Égypte. Des peuplades descendant de l'Ethiopie y portèrent la civilisation indienne (12). Les débordements du Nil y furent contenus par des digues, et les arrosements facilités par des canaux (12 et 13). — Fertilité de ses terres d'alluvion (124).

Ensemencements. S'exécutaient, de préférence, pendant la durée de l'automne, en Italie. — Désapprouvés après le solstice d'hiver (174).

F.

FER. Son emploi a puissamment contribué aux progrès de l'Agriculture. — Inconnu en Amérique avant l'arrivée des Espagnols (28).

FERMES. Opinion de Pline et de Virgile sur les grandes fermes (181).

FERMIER. C'était chez les Romains un colon à partage de fruit. — Tenu d'observer une règle constante pour la culture des terres (64 et 65).

FÈVES, en grande estime chez les Romains (70).

FLÉAU. Comment a dû venir l'idée de son emploi (26). — Voyez *Battage des grains.*

FOHI et CHIN-NOUNG apprirent aux Chinois à cultiver le froment (11).

FONTANI (l'abbé), cité (164) à l'occasion de quelques usages des Grecs.

FORMOSE. Singulier procédé adopté dans cette île, pour obtenir du riz une boisson fermentée (151).

FOUGÈRES. Moyen de les détruire, indiqué par Columelle (172). — Précautions à prendre pour en assurer le succès (173).

FOURS. Les premiers furent portatifs (34). — On en construisit de fixes à Rome, sous le règne de Tarquin-le-Superbe. — Par qui surveillés (36).

FRANÇOIS DE NEUFCHATEAU. On lui doit une savante dissertation sur la bière (153).

FROMAGES. Gênes servait d'entrepôt pour ceux que

GRAINS. Soins donnés à leur conservation (106). — De leur commerce (113). — Précautions prises pour en assurer l'approvisionnement (114). — Voyez *Agriculture*, *Céréales*.

GRECS. Leur culte fut emprunté à l'Egypte. — Cécrops leur porta les bienfaits de l'Agriculture (13). — Créèrent Cérès déesse des moissons. — Attribuèrent l'invention de la charrue à Triptolème (14). — Habitaient, par goût, leurs maisons de campagne. — Précautions qu'ils prenaient pour faire reconnaître les terrains hypothéqués (165). — Voyez *Économie rurale*.

GREFFE. Inconnue au temps où vivait Moïse (159). — Ce qu'en dit Plutarque (160 et 161). — Voyez *Thoüin*.

H.

HABILLEMENT (de l') des personnes attachées à la culture des terres (108 et 109).

HAVEMAAL, poème scandinave, fait mention de la bière (153). — Il mentionne aussi l'usage de ferrer les chevaux (86).

HÉBREUX. Fondent, à la sortie de l'Egypte, une colonie sous la conduite de Moïse (13).

HERSE. Le livre de Job en fait mention. — Adoptée promptement par les Romains (24 et 25).

HÉCATÉE. Idée qu'il se faisait du beurre (143).

I.

J.

JARDINS ornés. Se multiplièrent sous le règne d'Auguste. — Ceux d'Alcinoüs, décrits par Homère. — Les renseignements sur l'art du jardinage chez les anciens sont très incomplets. — Leur goût était général parmi les Grecs (157 et 158).

JOB. Son livre cité (25, 82, 144).

JUGERUM. Mesure agraire des Romains (54 et 57). — *Voyez Labours.*

JULIEN l'Apostat. Son épigramme sur la bière (153).

JUSTIN attribue aux Phéniciens l'introduction de l'olivier dans les Gaules (47).

K.

KALMOUCKS du Volga, ont conservé des habitudes de migration. Leur culture peut donner une idée de celle des premiers habitants de l'Asie (17). — Leurs nombreux troupeaux (31).

KIEN-LONG (l'empereur), cité à l'occasion de son éloge de la ville de Moukden (129).

KNIFF. Boisson fermentée des Tartares (45).

KOUAS. Boisson des Moscovites (44).

L.

et 142). — Comment Plutarque explique son effet (36).

Levesque, cité (100) à l'occasion du commerce maritime des Romains.

Lévitique, cité (65 et 142).

Levure de bière. Servit, dans les siècles les plus reculés, à faire gonfler la farine pétrie avec l'eau. — Son emploi pour rendre la pâtisserie plus légère (44). — En usage chez les Celtes et chez les Gaulois (36). — Interdite, à Paris, dans le xviie siècle, par décision de la Faculté de médecine (141 et 145).

Licinius Stolo. Il fait régler l'étendue des possessions territoriales et viole le premier la loi (58).

Luzerne. Base des prairies artificielles des Romains (68).

M.

Magon. Ses ouvrages sont respectés au sac de Carthage (15).

Maïs. Se mangeait grillé ou cuit dans l'eau, par les Américains. — On prépare aussi, avec ce grain, des gâteaux appelés Bollo (37 et 146). — Voyez Américains.

Maisons rurales des Romains. Comment elles étaient divisées (101). — Préceptes de Caton et de Palladius, cités (102).

Mallet. Citations de passages de l'Havemaal men-

MONTESQUIEU. Remarque sur son opinion relative à l'effet produit par le partage des terres (58).

MORTIERS. Employés, avant l'usage des moulins, pour piler le grain et écraser les olives (48).

MOULINS *à bras*. Mentionnés dans l'Odyssée (49). — *A eau*, les premiers sont employés à Rome, au temps de Jules César (50). — Ne deviennent d'un usage général que sous le règne d'Honorius et d'Arcadius (50). — Adoptés au VIIe siècle, seulement, par les Anglais.

MOUTONS. De l'emploi de leurs toisons (52 et 95). — De leur parcage et de leurs migrations ; Caton, Varron et Pline cités à cet égard (96). — Antiquités du tissage de leur laine (97).

MOUTURE des graines : 1° dans des mortiers, au moyen de pilons ; — 2° entre deux pierres, l'une fixe, l'autre mobile (49). Voyez *Moulins*.

MULETS. L'époque de leur introduction n'est pas connue (85). — Observations de M. Huzard sur un passage de la Genèse (86). — Réflexions à ce sujet (87 et 88).

N.

NAVETS (*napus*). Ceux de Corinthe étaient renommés. — Comment les distinguer des Raves (177). — Voyez *Raves*.

NAVIRES. Leurs noms spécifiaient la nature de leur emploi (111).

P.

PABULARIA. Registres destinés à inscrire les revenus publics. — Pourquoi ainsi nommés (55).

PAIN (du) des premiers âges. Sa fabrication et sa cuisson (34). — Comment on fut conduit à y ajouter un levain (35). — Voyez *Blé*, *Céréales*, *Levain*.

PALLADIUS. Quelques uns de ses préceptes, cités (72, 73, 102).

PALLAS. Cité (81) à l'occasion des usages des Kalmoucks et des Burates Dauriens.

PANAIS. Mentionnés par Théophraste et Athénée (178).

PAPYRUS. A servi pour écrire depuis une haute antiquité (123). — Voyez *Champollion* et *Dureau de la Malle*.

PARIDIUS. Se dessaisit d'une partie de son bien sans affaiblir son revenu (181).

PASTORET (le marquis de). Ses recherches sur le commerce et le luxe des Romains, cités (97, 109 et 110).

PATISSERIE. Son origine (35 et 142).

PATURAGES. Jouissaient d'une sorte de privilège chez les Romains. — Etaient libres sur les terres non closes (76). Ce qu'on entendait par *vaine pâture* et *pâture vive* (77). On ne pouvait conduire les bestiaux sur les terres ensemencées qu'après l'enlèvement des récoltes (182). — Ce droit résista aux révolutions politiques (77).

Poiré. Cette boisson était connue des anciens (54).

Politor. Voyez *Fermier* et *Colon*.

Pommier. Faisait partie des arbres à fruit ; mentionné par Homère (161).

Pomponius Sabinus. Fixe au temps de Jules César le premier emploi des moulins à eau (49).

Porc. Considéré comme viande alimentaire (98 et 99). — Les Romains et les Grecs l'offraient en sacrifice (98). — Les Celtes le salaient et en approvisionnaient Rome. — Les Scythes, peuple nomade, n'en élevaient pas. — — Les Chinois en font une grande consommation (99).

Prairies. Comment on pourvoyait à leur insuffisance (68). — Considérées comme closes, pendant la saison des récoltes.

Probus. Révoque l'arrêt par lequel Domitien avait ordonné d'arracher les vignes dans les Gaules (42).

Prolétaires. Voyez *Colons*.

Propriétés rurales. Frais de leur gestion d'après Columelle (106 à 108). — Nourriture ordinaire de ceux qui étaient employés à leur culture (107 et 108). — Formalités qui devaient précéder et accompagner leur saisie (166).

Pythagore. Sa doctrine sur l'emploi des animaux (127).

R.

Raves (les) étaient fort estimées (71). — Moyen indi-

S.

SARRASIN. Originaire de Perse; son introduction improprement attribuée aux Arabes (32).

SATURNE. Etait représenté tenant une faux à la main (26). — Adoré sous le nom de *Sterculius* (55).

SCHAW. Sa description des bœufs sauvages (90). — Cité (27).

SCYTHES. Avaient l'usage de couper les chevaux (85). Voyez *Germains, Peuples nomades*.

SEL. On ne peut déterminer l'époque où l'on a commencé à en faire usage dans le pain (141). — Employé, en Egypte, dès le temps de Mœris, pour la conservation des viandes et du poisson. — Les Israélites en faisaient usage dans toutes les oblations (141).

SEMENCES. Soins apportés dans leur choix (70 et 173). — Elles se répandaient à la main. — Diverses manières de les enterrer (174).

SERVIUS TULLIUS, roi de Rome, fait frapper des monnaies portant l'empreinte des animaux domestiques (15). — Voyez *Monnaies*.

SOCHA. Espèce d'araire employée dans la Russie asiatique (37).

SOLEIL. Son culte a été inspiré par la reconnaissance (18). — Adoré par les peuples de l'Asie et par les Américains (30). — Voyez *Américains*.

SPELTA. Voyez *Épeautre*.

STRABON. Mentionne l'usage qu'avaient les Scythes de couper les chevaux (85).

Urus. Espèce de bœuf sauvage, qu'on trouvait dans les forêts de la Gaule au temps de Pline (90).

V.

Varron. Ses conseils sur la préparation des engrais (68).

Vétérinaire. Origine de cette dénomination (89).

Vigne. Ce fut, dit-on, une chèvre qui donna l'idée de la tailler pour obtenir une plus grande abondance de fruits (146). — Comment sa taille se réglait en Grèce. — De quelques usages des vendanges (146 et 147). — Les Égyptiens attribuaient sa plantation à Osiris, les Grecs à Saturne (39). — Introduite par les Phocéens dans les Gaules (41). — Les vignes arrachées par ordre de Domitien, et replantées sous Probus (42). — Voyez *Vin*, *Vendange*.

Villici. Leurs fonctions et leurs attributions (65). — Étaient assujettis, comme les colons, à une règle constante pour la culture des terres (65 et 162).

Vin. Son usage remonte à la plus haute antiquité (39). — Il était interdit aux femmes (40). — Comment on le conservait (148). — Quels aromates on y ajoutait (40). — L'usage des pressoirs introduit (51).

Vins de fruits, inventés par les habitants des pays froids (151).

Virgile. Ses conseils sur la culture des terres arables (72). — Son opinion sur les grandes fermes (181).

VOLTAIRE. Cité (121) à l'occasion de la chronologie chinoise.

VULCAIN. Les Grecs lui attribuèrent la découverte de l'art de forger le fer (22).

W.

WISKAK. Boisson fermentée des Polonais (45).

X.

XÉNOPHON. Comment il explique l'origine de la fortune de son père (165).

Z.

ZITHUS. Boisson des anciens Égyptiens, a donné l'idée de la fabrication de la bière (43).

ZAMZOU. Boisson chinoise, fabriquée avec le riz (44).

TABLE DES MATIÈRES

DE LA SECONDE ÉPOQUE. — MOYEN-AGE.

A.

B.

Barante (M. de). Son *Histoire des ducs de Bourgogne*, citée à l'occasion de l'abandon des terres dans le xive siè- cle (295).

Barbares, ou *Étrangers*. Dans l'origine, ces deux mots furent synonymes (202). — Imprudemment fondus dans les légions romaines. — Affligeants résultats de leurs invasions successives (274).

Brenne. Canton du département de l'Indre, dont les nombreux étangs ont été créés par les moines qui s'y éta- blirent vers le règne de Dagobert (311).

Bresse. La plupart de ses étangs ont été également créés par les moines (312).

C.

Capfigue. Ce qu'il énonce relativement aux richesses et à l'influence du clergé (291).

César (J.). Comment il s'exprime sur les Germains (275).

Charlemagne. Rétablit l'empire d'Occident. — Ses institutions, mal appliquées, deviennent le principal appui du gouvernement féodal (206).

Chevalerie. Son institution fut provoquée par des sen-

COMMODE (l'empereur), établit une flotte d'Afrique lorsque Constantin eut enlevé les blés de l'Egypte à l'approvisionnement de Rome (252).

COMMUNES. Leur émancipation commença à s'effectuer à l'époque des Croisades. — Elle s'établit sur des bases différentes en France et en Angleterre (300).

CONDITIONALES. Voyez *Arimani.*

CONSTANTIN (le Grand), établit à Byzance, ville à laquelle il donne son nom, le siége de l'empire d'Orient (201). — Disperse, imprudemment, dans les provinces, les légions établies aux frontières de l'Empire. — Déclare libres les esclaves qui se feraient chrétiens (202). — Permet aux cultivateurs de travailler le dimanche (204).

CRESCENTIUS (Pierre). Auteur d'un ouvrage d'Agriculture ayant pour titre : *Opus ruralium commodorum* (236).

CROISADES. Pierre l'Hermite (Cucupiètre) prêche la première ; le moine Tecelin (St-Bernard), la seconde. — Plusieurs princes engagent une partie de leurs États pour les soutenir. — Elles dépeuplent l'Europe et lui coûtent des sommes énormes (228). — Elles influèrent avantageusement sur l'état de la propriété et sur l'émancipation des communes (229). — Leur chronologie (293). — Leurs fâcheux résultats sous le rapport de l'affaiblissement de la population (294). — Elles eurent, au contraire, une heureuse action sur les progrès du commerce (298).

CUCUPIÈTRE. Voyez *Pierre l'Hermite* et *Croisades.*

CULTURE. Voyez *Agriculture.*

D.

E.

Ebn-el-awam (l'Arabe). Écrit sur l'Agriculture au xiiie siècle (236).

Empire romain. A sa décadence, de vastes domaines, devenus incultes, restent à la disposition du fisc. — Les empereurs les distribuent à des étrangers ; ils passent, ensuite, en partie, entre les mains des moines. — S'affaiblit par l'envoi des affranchis dans les provinces conquises, et par la fusion des étrangers avec les anciennes légions romaines (199).

Empire d'Occident. Sa décadence prépare l'établissement de monarchies nouvelles (205). — Rétabli par Charlemagne (206).

Empire d'Orient. Détruit par les successeurs de Mahomet, après une lutte de huit siècles (203). — *Voyez Constantin, Barbares.*

Epimetrum. Ce qu'on entendait par ce mot (269).

Esclaves. Le maître avait sur eux droit de vie et de mort. — Ils étaient distingués des hommes libres par un habit particulier et le devoir de se raser la tête (212). — Ils faisaient partie des cheptels et étaient estimés comme les bestiaux. — Fonctions de ceux qui étaient chargés de la surveillance de la culture. — La réparation des violences exercées contre eux se réduisait à des indemnités payées à leurs maîtres (215). — Leur affreuse situation décrite par Capfigue (282). — *Voyez Féodalité.*

23

FISCALINS (colons du fisc) (213).

FLOTTE d'*Alexandrie* (*Classis Alexandrina*). Sa destination (267).

FLOTTE d'*Afrique*. Instituée par l'empereur Commode, pour remplacer les blés d'Egypte transportés alors à Constantinople (252).

FRANCE. Le régime féodal s'appesantit sur elle (218). — Combien elle eut à souffrir de la manie des Croisades. — Avantages inattendus qu'elle en retira (288). — Elles préparèrent la ruine de l'aristocratie féodale (300). —Voy. *Croisades, Féodalité, Chevalerie.*

FRANCOIS *de Neufchâteau*. Ses observations sur les inconvénients attachés à la culture de la canne à sucre, réfutés par la découverte et l'extraction du sucre de la Betterave (264 et 265).

FRUITS. Voyez *Arbres*.

G.

GALÈRE (l'empereur) et Constance Chlore se divisent l'empire (201).

GALLO. A publié des éléments d'Agriculture (236).

GRÉGOIRE. Son opinion sur les moines et sur les services qu'ils ont rendus (310).

GUERRES PRIVÉES. Elles résultent des prétentions rivales des possesseurs de fiefs. — Combien il devint difficile de les abolir (288).

II.

I.

J.

— Leur luxe s'étendit dans les provinces. — On y établit des serres portatives (192). — Ceux de Pisistrate et de Cimon, à Athènes, étaient célèbres (193).

Joinville (le sire de). Refuse de prêter serment à saint Louis, se regardant comme feudataire du comte de Champagne (223).

Justinien. Rend momentanément à l'empire une partie de sa puissance et de sa gloire (204).

L.

Légions romaines. Les empereurs, pour affaiblir leur esprit de corps, opèrent leur fusion avec les étrangers (199).

Ligue anséatique. Son heureuse influence sur les progrès du commerce (299).

Louis *le Gros.* Rétablit les commissaires institués par Charlemagne, et envoyés dans les provinces pour y veiller au redressement des abus (301).

Louis (Saint) entreprend une cinquième croisade. — Meurt de la peste devant Tunis (294).

Lucullus. Valeur attribuée à son vivier (89).

M.

Main-mortable. Origine de cette expression et son application (219 et 285).

N.

O.

OBNEXATION. Espèce d'engagement volontaire, contracté par un homme libre (217).

OLIVIER DE SERRES. Ouvre une nouvelle ère à l'art agricole par son théâtre d'Agriculture (237). — Cité à l'occasion de l'introduction de la soie en Europe (260).

OSTIE. Port des navires destinés pour Rome, où leurs cargaisons se transportaient sur des allèges (269).

P.

PAPES. Les évêques de Rome adoptent définitivement cette qualification, après les concessions de l'empereur Phocas (225).

PAPIER *de linge*. Commence à être employé vers le XIIe siècle. — Celui de coton l'avait été dès la fin du IXe (235). — *De Chine*, imité avec succès en France (316).

PAPYRUS (Manuscrit sur). Leur ancienneté (123). — Employé jusqu'au XIe siècle de notre ère (313).

PASQUIER (Étienne). Comment il explique, dans ses recherches sur l'*Histoire de France*, les différents modes qui s'établissent dans la possession des terres, sous le régime féodal (289).

R.

Reynier (L.) . Cité à l'occasion du mauvais goût qui s'était introduit dans les jardins au temps de Pline le Jeune (253).

Robertson. Ses explications relatives à l'influence que les croisades ont exercée sur les progrès du commerce (298). — Son opinion sur les effets produits par l'institution de la chevalerie 305.

Roger Ier, roi de Sicile, y introduit la culture du Mûrier (261).

Romains. Par quels signes extérieurs on les distinguait des étrangers ou Barbares (272. — Voyez *Empire romain*.

Rome. L'abondance de l'argent, au commencement de l'Empire, y accrut considérablement la valeur des propriétés (187). — Ses principaux jardins (190). — Sa prospérité passe, à Constantinople, avec ses richesses. — Mise au pillage par Alaric 202.

Roture et roturier. Origine de ces mots 280.

Russie. Condition des paysans en Russie. — Elle a du rapport avec celle des *villani* au moyen-âge 281.

S.

Ségur. Comment il expose la situation de la majeure

T.

V.

W.

FIN.

Imprimé en France
FROC030042161120
25699FR00019B/425